SUPERサイエンス

鮮度を保つ漁業の科学

名古屋工業大学名誉教授
齋藤勝裕 Saito Katsuhiro

C&R研究所

■本書について

● 本書は、2020年10月時点の情報をもとに執筆しています。

●本書の内容に関するお問い合わせについて

この度はC&R研究所の書籍をお買いあげいただきましてありがとうございます。本書の内容に関するお問い合わせは、「書名」「該当するページ番号」「返信先」を必ず明記の上、C&R研究所のホームページ（https://www.c-r.com/）の右上の「お問い合わせ」をクリックし、専用フォームからお送りいただくか、FAXまたは郵送で次の宛先までお送りください。お電話でのお問い合わせや本書の内容とは直接的に関係のない事柄に関するご質問にはお答えできませんので、あらかじめご了承ください。

〒950-3122　新潟市北区西名目所4083-6
株式会社C&R研究所　編集部
FAX 025-258-2801
「SUPERサイエンス 鮮度を保つ漁業の科学」サポート係

はじめに

産業は原料を養育獲得する第一次産業、それを加工して商品にする第二次産業、それを販売する第三次産業に分けることができます。

最近の日本では、第一次産業において若年労働者の離反、産業規模の縮小などの衰退傾向が現われ、問題となっています。本書はこのような渦中にある第一次産業、つまり農業、漁業、林業、酪農業などを科学的な観点から検討し、将来的な展望を開く一助になれば嬉しいとの想いから企画したシリーズの一環として出版されたものです。

日本は海に囲まれた島国として魚介類に恵まれ、それを食べ、加工し、輸出してきました。そのため漁獲高は、かつては世界第一位を誇り、漁業国日本として世界に知られていました。ところが最近は消費量、漁獲量共に減少を続けています。そのような中にあって漁業関係者は、おいしい魚介類を消費者に届けるために、水産物の鮮度を保つための輸送方法の工夫や天然魚の捕獲に代わって養殖や品種改良に力を入れるなど、漁業復活に懸命の努力を続けています。

本書が、多くの方々が近代漁業を知る手づるとなり、漁業の益々の発展に役立つことが出来たら嬉しい限りです。

2020年10月

齋藤勝裕

CONTENTS

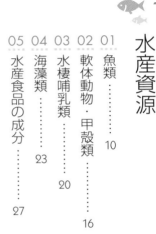

CONTENTS

CONTENTS

Chapter 4 養殖漁業

Chapter 5 流通漁業

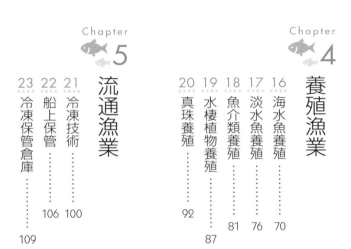

CONTENTS

CONTENTS

Chapter 7

品種改良

Chapter 8

資源管理

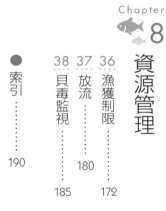

Chapter. 1
水産資源

SECTION 01

魚類

日本は四方を海に囲まれた島国です。この様な地形の影響から、昔から水産資源を重要な食料源として利用してきました。昔の人の生活跡は貝塚と呼ばれますが、それは貝殻が沢山出土するからです。

このことはとりもなおさず、当時の人々が貝を常食していたことを示すものです。貝を食べたとしたら当然、魚を主体としたエビ、タコ、イカなどの魚介類も食べていたと想像されますが、それらの殻や骨は腐敗して残らなかったのでしょう。

このような食習慣は今も残り、日本人は魚を沢山、多種類食べることで知られています。その様な日本人の食

生活を支えるのが漁業です。漁業は長い伝統を持った産業です。それだけに日本は漁業の優れた技術をもち、世界有数の漁業国です。

生息域による分類

漁業で漁獲する物の多くは魚、魚類です。しかし、魚類と言ってもその種類は多様で、魚類の分類の仕方も複雑ですが、ここでは淡水に棲む、淡水魚と海水に棲む海水魚に分けてみましょう。

❶ 区分

川、池、湖、沼など淡水域に棲む魚を一般に淡水魚と言います。サケやウナギなど、両方の水域に棲む魚もいますが、一般に一生の間の一時期でも淡水に棲む魚は淡水魚と呼ばれるそうです。この様な事でサケ、マス、ボラ、ウナギは淡水魚と言うことになります。

❷ 浸透圧

細胞を包んでいる細胞膜は半透膜であり、水は通しますがイオンや大きな分子は通しません。半透膜を挟んだ両側でイオン濃度が異なると、水はイオン濃度の高い方から低い方に移動します。この時の水の圧力を浸透圧と言います。

海水魚の血液のイオン濃度は海水のイオン濃度より低いです。そのため、鰓《えら》やひれから水が海水中に脱け出しやすくなっています。このまま行くと魚は水分を失って干からびてしまいます。それを防ぐため、海水魚は海水を飲んで水を補い、鰓から塩類を排出します。

反対に、淡水魚の血液のイオン濃度は淡水より高いです。そのため、鰓やひれから水が体内に入って来やすくなっています。放置すると水ぶくれになってパンパンになってしまいます。それを防ぐため、淡水魚は水を飲まず、薄い尿を多量に排出して体液の薄まりを防いでいます。

ウナギやサケ類などは、生息環境が海・川と変化しても体液の浸透圧をほぼ一定に保つことができます。一方、コイなどは外液の狭い範囲でしか体液を調節することができず、ある範囲を越えれば死んでしまいます。

色による分類

生物学的な分類ではありませんが、消費者の立場に立った分類として一般的なのが、魚体の肉質の色による分類です。

❶ 青魚

青魚《あおざかな》は、イワシ・サバ・サンマなどの、いわゆる「背の青い魚」のことを言います。多くの種類は海面の表層近くを群れで遊泳し、大規模な回遊を行います。背中が青または黒で腹側が白い体色を持つものが多く、これは、表層近くを遊泳する魚種に広く見られる保護色の一種と考えられます。青魚は一般に大衆魚を指すことが多く、肉質や外観が似ていても、マグロやブリなどの大型魚や高級魚は、青魚とは呼ばれないようです。

青魚の特色としては以下のことがあげられます。

- **比較的小型で大量に漁獲され単価が安い**

- 表層近くを群れで遊泳し、大規模な回遊を行う種が多い
- 食物連鎖の下位に位置する種が多い
- 肉は遊泳に適した赤身で鮮度の低下が早い
- EPA(エイコサペンタエン酸)やDHA(ドコサヘキサエン酸)などの不飽和脂肪酸の比率が高く、血中の悪玉コレステロールを減少させるなどの効果があると言われている

❷白身魚・赤身魚

マグロやカツオ、サバ、イワシなど身の筋肉が赤く見える魚を赤身魚、反対にタイやヒラメ、オコゼ、アンコウなど身の白い魚を白身魚と呼びます。

赤身魚の肉が赤く見えるのは肉の中に血液色素タンパク質であるヘモグロビンと筋肉色素タンパク質であるミオグロビンが多いからです。これらの色素タンパク質は筋肉に酸素を供給する役割をします。

赤身魚は回遊魚が多く、高速で泳ぎ続けて寝てる間も泳ぐのをやめません。また、生存のため常に機敏な動きを求められます。従って大量の酸素が必要になり、その大

量の酸素を効率よく利用するために筋肉に色素タンパク質が多いのです。それに対して白身魚は回遊せず、深海性の魚が多く、餌を取る時以外はあまり動きません。そのために色素タンパク質を必要としないのです。

一般に色素タンパク質の量は、赤身魚が筋肉100g中に150㎎くらいあるのに対して白身魚はほとんどの場合10㎎以下しか含まれません。

身が赤いサケやマスはヘモグロビンとミオグロビンはごく僅かしか含んでいません。したがってサケ・マス類は白身魚になります。サケの身が赤いのは餌に入っているカロチノイド色素の一種であるアスタキサンチンのせいです。

●回遊魚

軟体動物・甲殻類

軟体動物や甲殻類と言うと食品では無いように聞えますが、軟体動物は貝やイカ、タコのことであり、甲殻類はエビ、カニなど、どちらもお馴染みの魚介類です。

貝類

貝には2枚の貝殻が合わさっている2枚貝と、1個のラセン状の貝殻からできている巻貝があります。2枚貝にはシジミ、アサリ、ハマグリ、カキ、ホタテなどがあり、巻貝にはサザエ、アワビ、トコブシ、ホラガイなどがあります。また、シジミ、タニシ、カワニナ、カラスガイ(ドブガイ)などのように淡水に棲む貝がありますが、日本人の場合、食用にする多くの貝は海中に棲む貝です。

頭足類

イカやタコは一般に頭足類と呼ばれます。体は外套膜につつまれた胴部と頭部に分かれ、頭部にある口の周辺には腕が並んでいます。イカとタコは如何にも軟体動物らしく、姿が似ていますが違いもあります。

一番比較されることの多いのは足（実は足ではなくて腕）の本数でしょう。一般にイカは10本、タコは8本ですが、イカは触腕という特殊な2本の腕をしまっていることも多いので見分けに使うのは難しい事があります。そのため、足の本数でイカなのにタコと名前をつけられている種もいたりします。また、イカは体内に変形した殻を持ちますが、タコにはありません。イカは外套膜に切れ目があり、一般にいう胴体部分とヒレのようなエンペラ部分の2つに分かれます。しかしタコにはその様なことはありません。

イカもタコも墨を持ちますがイカの墨はどろどろしており、吐いた墨を自分だと思いこませて逃げる役割をします。それに対してタコの墨はさらさらであり、墨を拡散させて目くらましにして逃げます。そのため、イカの墨は食用に使われますが、タコの墨はその様なことはありません。

イカにはよく食用になるスルメイカ、ヤリイカ、モンゴウイカ等の他、小型で発光するホタルイカ、高級品とされるアオリイカ、アカイカなどがあります。タコにはマダコのほか小型のイイダコや体長3メートルに達する大型のミズダコなどがあります。

甲殻類

一般的に食用にする甲殻類はエビとカニです。簡単にはエビが進化したのがカニと考えられています。分類上は、エビもヤドカリもカニも節足動物門甲殻亜門軟甲鋼十脚目で十脚目はエビ目とも呼ばれます。したがって広い意味では全てエビの仲間ということになります。わかりやすく言うと、尻尾が長くこれを使って泳ぐのが「エビ」、泳ぐのをやめて巻貝の殻に入ることにしたのが「ヤドカリ」、尻尾をふんどしみたいに身体の前に固定して殻を硬くしたのが「カニ」と言うこと出来るでしょう。

エビには大型のイセエビ、ロブスター、中型のクルマエビ、小型のアマエビ、超小型のサクラエビなどの種類があります。サクラエビによく似た物にアミがありますが、これはプランクトンの一種であり、生物学的にはエビとは異なる種類ですが「アミエビ」として市販されていることもあります。淡水産のエビとしてテナガエビ、スジエビなどがあります。

カニには大型のタカアシガニ、中型のタラバガニ、ズワイガニ、イバラガニ、ケガニ、ワタリガニなどがありますが、タラバガニは足が8本であり、ヤドカリの一種です。商品名として松葉ガニ、越前ガニなどがありますが、これらはズワイガニの一種で、採れた海域によって独自の商品名で市販されます。また淡水産のカニとして甲羅に毛の生えたモクズガニ、小型のサワガニなどがあります。

●タラバガニ

SECTION 03

水棲哺乳類

水中で生活する哺乳類にはクジラ、イルカ、シャチがありますが、これらのあいだに本質的な違いはありません。

クジラ類の種類

クジラには歯を持つハクジラと歯の代わりに口内に髭をもち、えさのプランクトンを髭で濾して食べるヒゲクジラがあります。ハクジラのうち、体長４～５ｍ以下のものを、一般にイルカ、体長７ｍ程度にまでなるものをシャチと呼びます。

クジラやイルカは魚類を餌としますが、シャチは獰猛であり、魚はもちろん、トド、セイウチなど海岸に暮らす哺乳類、あるいは鳥類をも餌にします。

日本人が食用として利用してきたのはクジラとイルカであり、シャチは食用としては一般的で無かったようです。

　ヒゲクジラにはシロナガスクジラ、ナガスクジラ、イワシクジラ、セミクジラ、ホッキョククジラ、ニタリクジラ、ミンククジラやザトウクジラなど11種類がいます。一方、ハクジラにはマッコウクジラ、ツチクジラ、ゴンドウクジラの他にシャチやイルカ類など70種類にものぼります。

クジラ食の伝統

　日本では昔からクジラを貴重なタンパク源として利用し、刺身、サラシクジラ、竜田揚げ、ハリハリ鍋など、何種類もの

●ザトウクジラ

伝統的な調理法を開発して来ました。クジラの食文化は日本の貴重な伝統文化の一部と言うことができます。

アメリカやヨーロッパでも捕鯨の伝統はありましたが、それは食用とするものでなく、多くは照明ランプの油として利用するものでした。幕末にペリーが日本に開港を迫った理由の一つは捕鯨船の寄港地として利用したいとの思いがあったとも言われます。

最近は世界的にクジラ保護の機運が高まり、捕鯨を禁止しようとの動きが強くなってきました。その流れの中で日本も国際捕鯨委員会に加盟し、商業捕鯨を止めて科学的な調査捕鯨に限って許可して来ましたが、２０１９年、国際捕鯨委員会を脱退し、商業捕鯨を再開することにしました。

しかし、消費者の好みが変わり、嗜好がクジラから離れている昨今、クジラの捕獲量、消費量がどのように変化するのか、当分注目されるところです。

SECTION 04

海藻類

日本人にとって海苔、昆布、ワカメ、ヒジキなどの海藻類は馴染の深いもので毎日の食卓に欠かせないものですが、世界的に見ると海藻を食べる分化は珍しいものと言うことが出来るでしょう。日本人が食用にする海藻は主に褐藻類、紅藻類、緑藻類の３種です。

褐藻類

味噌汁や酢の物に欠かせないワカメ、昆布、メカブ、ヒジキは褐藻類と言われる海藻です。体の色は黄色や褐色をしており、日本では約４００種類が知られています。食品として利用される主な種類は昆布類、ワカメ、ヒジキ、モズク類があります。

❶昆布

日本の味を支配する昆布は、味の素であるグルタミン酸を豊富に含む素材として日本料理に欠かせません。日本における生産量は約12万トン（2005年）ほどであり、その35％は養殖物です。天然物の生産量の95％以上を北海道が占めます。中国でも80万トン前後が養殖されています。

❷モズク

モズクにはいくつかの種類があり、一般に販売されているのはオキナワモズクという種類ですがその他にも、地域的にイシモズク、キシュウモズクなどがあります。

❸アラメ

昆布目の海藻で、乾燥させたものを水で戻して炒めたり、佃煮にして食べられています。

紅藻類

おにぎりやトッピングに使われる海苔は紅藻類の一種です。赤い色素を持ち、体の色は紅色、黄紅色、暗紅色をしています。身近な種類としては、まず海苔があげられますが、その他にテングサ、トサカ海苔、エゴ海苔、布海苔《ふのり》などが食用としてあげられます。

トサカ海苔は刺身のつまや、海藻サラダによく使われています。テングサは寒天の原料として知られます。エゴ海苔を煮溶かし固めたものは博多では「おきゅうと」、佐渡では「えごねり」と呼ばれて郷土食として親しまれています。

緑藻類

きれいな緑色が食欲をそそる緑藻類は汁物、サラダの料理の脇役として使われます。

❶アオサ

板状に抄いたり、そのまま乾燥させて製品化されます。天ぷらや汁物など幅広く食され、海苔の佃煮の原料にもなっています。

❷ウミブドウ

小枝が緑色のぶどうのように見えるので、一般的には「海ぶどう」と呼ばれています。ぷちぷちした食感が好まれ、酢の物やサラダで利用されています。

❸ミル

全体の形がマツの木のように末広がりになっています。万葉集にもミルを題材にした歌が詠まれていて、古くから知られている海藻です。昆布、ワカメ、海苔、テングサなどがあります。

●ウミブドウ

SECTION 05

水産食品の成分

水産食品の栄養素はどのようになっているのでしょうか？　それは牛や豚、鳥肉などの獣肉に比べてどうなっているのでしょうか？

次ページの表は両者を比べた物です。一般に魚介類はカロリーが低いことが目立ちます。水分の量は牛肉に比べれば多いようですが、獣肉との間に大きな違いはありません。タンパク質量は、貝類は少ないですが、他の魚介類は獣肉にそん色ありません。

脂質は獣肉に比べて少ないです。このことが低カロリーに繋がっているものと思われます。このようなことから、一般に低カロリー、高タンパク質と言うことが出来るでしょう。

コレステロールはエビ、カニ、タコ、イカなどに多くなっていることが分かります。顕著なのは飽和脂肪酸の量であり、獣肉に比べて圧倒的に低くなっています。

●魚介類の栄養価

種類	カロリー (kcal)	水分 (g)	タンパク質 (g)	全脂質 (g)	飽和脂肪酸 (g)	コレステロール (mg)	食塩相当量 (g)
アジ	126	75.1	19.7	4.5	1.10	68	0.3
イワシ	136	71.7	21.3	4.8	1.39	60	0.2
マグロ	125	70.4	26.4	1.4	0.25	50	0.1
タイ	142	72.2	20.6	5.8	1.47	65	0.1
ヒラメ	103	76.8	20.0	2.0	0.43	55	0.1
サケ	204	66.0	19.6	12.8	2.30	60	0.1
ウナギ	255	62.1	17.1	19.3	4.12	230	0.2
アユ	100	77.7	18.3	2.4	0.65	83	0.2
コイ	171	71.0	17.7	10.2	2.03	86	0.1
アサリ	30	90.3	6.0	0.3	0.02	40	2.2
カキ	70	85.0	6.9	2.2	0.41	38	1.2
ホタテ	88	78.4	16.9	0.3	0.03	35	0.3
甘エビ	98	78.2	19.8	1.5	0.17	130	0.8
ズワイガニ	63	84.0	13.9	0.4	0.03	44	0.8
スルメイカ	83	80.2	17.9	0.8	0.11	250	0.5
タコ	76	81.1	16.4	0.7	0.07	150	0.7
クジラ	106	74.3	24.1	0.4	0.08	38	0.2

●牛肉、豚肉、鶏肉、その他の栄養価

種類	カロリー (kcal)	水分 (g)	タンパク質 (g)	全脂質 (g)	飽和脂肪酸 (g)	コレステロール (mg)	食塩相当量 (g)
牛リブロース	539	36.2	12.0	51.8	18.15	88	0.1
豚肩ロース	253	62.6	17.1	19.2	7.26	69	0.1
鶏ムネ	244	62.6	19.5	17.2	5.19	86	0.1
鶏モモ	253	62.6	17.3	19.1	5.67	90	0.1
馬赤肉	110	76.1	20.1	2.5	0.80	65	0.1

※日本食品標準成分表より

Chapter.2
漁業の現状

SECTION 06

漁業の歴史

漁業は農耕・牧畜と並んで人類が食料を得るための手段として大切なものです。人類は漁業をどのようにして改良発展させてきたのでしょうか。その歴史を見てみましょう。

欧米の漁業史

魚獲りは人類の発生とともに行われてきましたが、産業と呼べる規模の漁業が行われ始めたのは、16世紀のオランダによる北海ニシン漁が初めてと言われます。

❶ニシン・タラ漁

ニシン船団は80～１００トンのビュスと呼ばれる帆船で構成され、17世紀には

2000隻のビュスが活動していました。流し網でニシンを獲り、船上で内臓を取って塩漬けにして保存します。船倉が一杯になるまで漁が続けられました。

オランダのニシン輸出量は1614年の1年だけで15万トンにおよび、17世紀には総人口の5分の1がニシン関連の仕事に就いていたといいます。ニシン漁は、その後スコットランド、ノルウェー、アイスランド、ドイツなどでも産業化しました。

16世紀中頃には、タラ漁が産業化し始めました。ニューファンドランド島沖のタラの豊かな漁場で1550年代にフランス、ポルトガル、スペインの船団が漁を始め、ヨーロッパや西インド諸島に輸出されました。タラ漁は延縄漁が長く行われ、20世紀になってトロール船に取って替わられました。

❷ 蒸気船

1860年代になると蒸気船による漁が始まりました。蒸気トロール船は急速に発達し、1941年には欧米の漁船団の標準船となりました。技術が発達しトロール船とともに工船も巨大化し、漁獲量は劇的に上昇しました。その一方、操業権と漁業資源の確保は漁業国にとっての死活問題となり、タラ戦争のような深刻な事態へと発展したこともありました。問題を収めるため、1982年になって排他的経済水域を明確にする国連海洋法条約が定められました。

❸ 捕鯨

17世紀に入ると北氷洋で商業捕鯨が始まりました。オランダの捕鯨船団は1675年から1721年のまでのあいだに3万3000頭のホッキョククジラを捕獲しています。18世紀には鯨油を目当てにしたマッコウクジラ漁が産業化し、1842年にはアメリカだけで600隻近い捕鯨船が活動していたと言います。

日本の漁業史

日本漁業は沿岸部で発達しました。その歴史は古く、縄文時代の遺跡からは釣針や銛、漁網の錘として用いられた土器片錘や丸木舟などの漁具が出土しています。

❶ 縄文・弥生時代

関東地方では縄文時代に盛んだったクロダイ・スズキ漁を中心とする縄文型内湾魚業は弥生時代には衰退し、新たに内湾干潟の貝類を主体とするタイプに移行したようです。一方で、大陸から伝来した管状土錘を用いた網漁やタコツボを用いたタコ漁など、新たな漁法も開発されました。また、三浦半島など外洋沿岸地域では外洋漁労が行われたようです。

弥生時代には農繁期の夏季に漁期を持つカツオなどの魚類が出土しており、銛漁・釣漁など専門性の高い漁法が用いられていることから、農耕民とは別に漁労を専門とする技術集団がいたと考えられます。

❷古代・中世

鎌倉時代には漁を専門とする漁村があらわれ、魚・海藻・塩・貝などを年貢として納めるようになりました。室町時代にはさらに漁業の専門化が進み、沖合漁業が行われるようになり、市の発達や交通網の整備、貨幣の流通など商業全般に漁業も組み込まれていたものと思われます。

❸ 近世

江戸時代には遠洋漁業が行われ、上方で発達した地曳網による大規模な漁法が全国に広まりました。江戸市中の遺跡からはマダイ、アマダイ、タラ、サンマ、サケなど遠方から運ばれた多様な魚類が出土しています。また、西日本からの魚食文化の流入としてナマズやスッポンも現れます。

一方で、東京湾岸の漁業は幕府により特権を与えられた特定の漁村のみで行われたとされます。東京湾岸では貝塚の規模、貝類の組成や出土する魚骨、漁具の種類が中世と同様で、引き続き零細な半農半漁の漁業が継続したことを示してい

●歌川国芳の江戸前にて漁師が行う網漁の様子を描いた図

ます。

❹ 近現代

戦後の日本経済の成長とともに水揚げ量は増加しました。しかし1973年の石油ショックによって遠洋漁業・沖合漁業が漁船のコスト高の影響を受け、また1970年代後半から世界の漁業国が200海里規制を取るようなったことによって、遠洋漁業・沖合漁業の水揚げ量は減少しました。

さらに1980年代に入ると円高が進んだために、水産物の輸入が増加しました。これと反比例するように遠洋漁業・沖合漁業・沿岸漁業などの海面漁業は漁獲量の下落傾向が続き、ついに2000年には水産物の輸入量が生産量を上回ってしまいました。

このように漁業資源をめぐる国際競争は激化しました。そこで、近年は「獲る漁業」から養殖による「育てる漁業」への転換が図られています。

SECTION 07

消費者の動向

漁業は水産資源を消費者に届ける産業です。水産資源はChapter.1で見たように多種多様です。消費者に好まれる資源もあればそうでもない資源もあります。その上、消費者の好みは時代とともに変化します。漁業はこのように資源にだけ目を向けていれば良いとはいかないのです。

消費量の推移

日本では魚離れが起こっているようです。図1に見るように、日本における魚介類の1人当たり

●魚介類と肉類の1人1年当たりの消費量（図1）

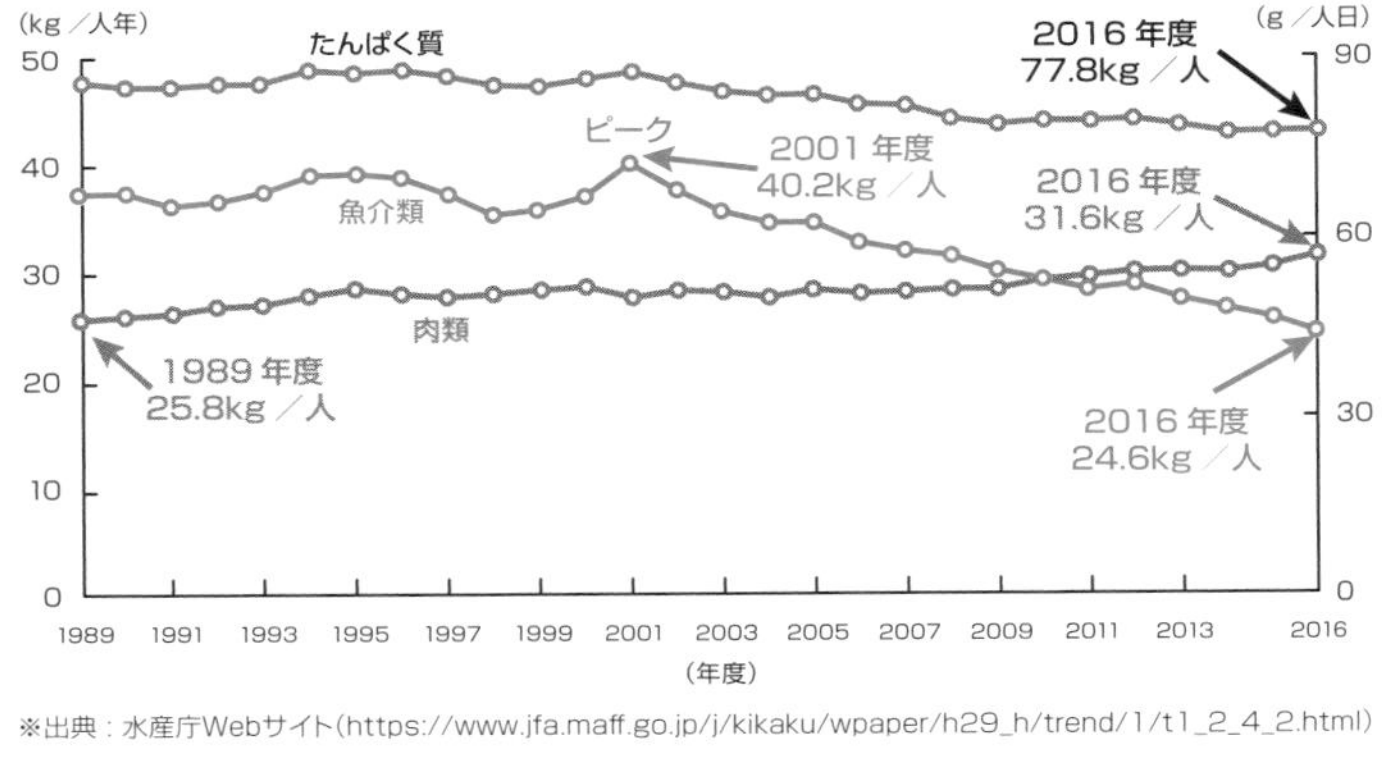

※出典：水産庁Webサイト(https://www.jfa.maff.go.jp/j/kikaku/wpaper/h29_h/trend/1/t1_2_4_2.html)

の消費量は明らかに減少を続けています。食用魚介類の1人1年当たりの消費量は、2001年の40・2kgをピークに減少しており、2016年度には24・6kgと最盛時の60%にまで低下しています。これは、1960年代とほぼ同じ水準です。

近年、1人当たりのたんぱく質の消費量自体も減少傾向にあり、この背景には、高齢化の進行やダイエット志向等もあるものと考えられます

図2は年齢階層別の魚介類摂取量を表したものです。これによると、若い層ほど摂取量が少なく、魚離れが起こっていることがわかります。特に40代以下の世代の摂取量は50代以上の世代と比べて顕著に少なくなっています。ただし、近年では、若い世代だけでなく、50~60代の摂取量も減少傾向にあります。

●年齢別の魚介類の1人1日当たりの摂取量（図2）

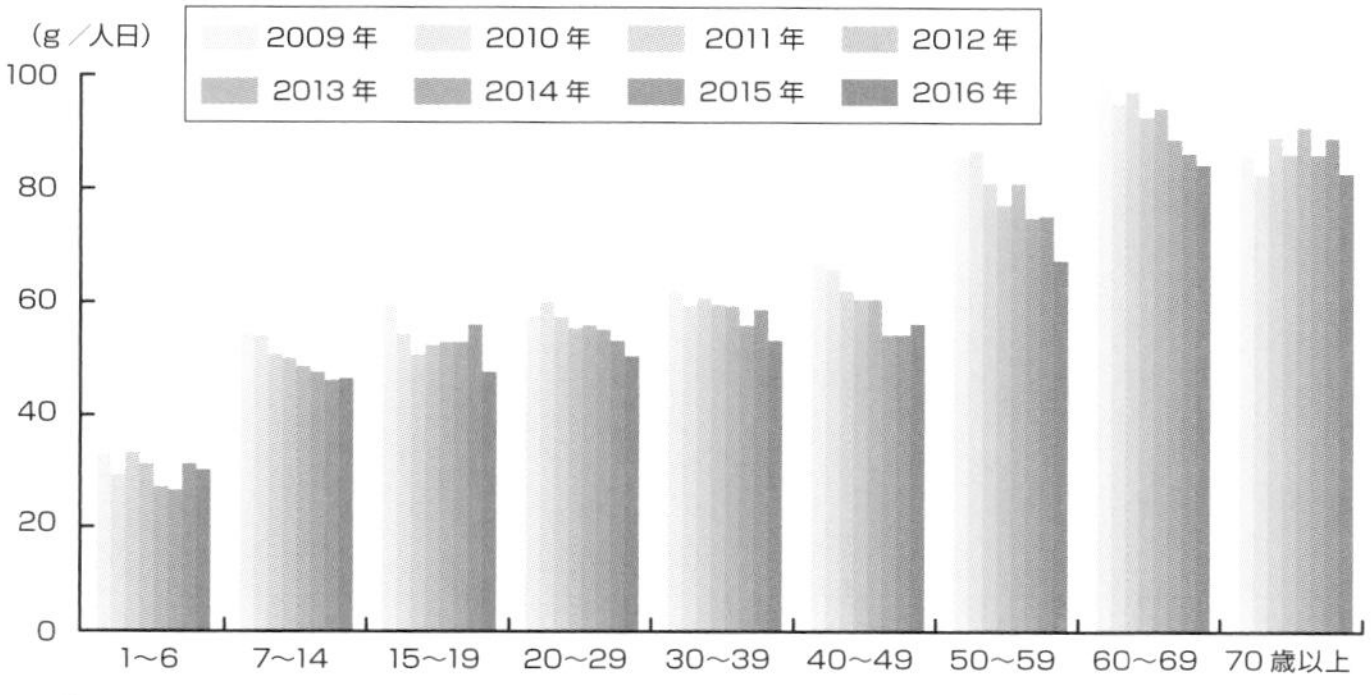

※出典：水産庁Webサイト（https://www.jfa.maff.go.jp/j/kikaku/wpaper/h29_h/trend/1/t1_2_4_2.html）

水産物の価格と消費の動向

図3は生鮮魚介類の1世帯当たりの年間支出金額と購入量(重量)を示したものです。購入量は一貫して同じペースで減少しています。ところが、近年の支出金額はおおむね横ばい傾向となっています。

これは、水産物の価格が上昇傾向にあることを考えると、消費者の購買意欲(魚購入に使う金額)は変化していないものの、その金額で購入できる量が減少していると考えることが出来ます。つまり、魚離れの原因の一つは魚が高くなり過ぎたせいなのかもしれません。

価格動向と消費動向

●生鮮魚介類の1世帯当たりの年間支出金額と購入量(図3)

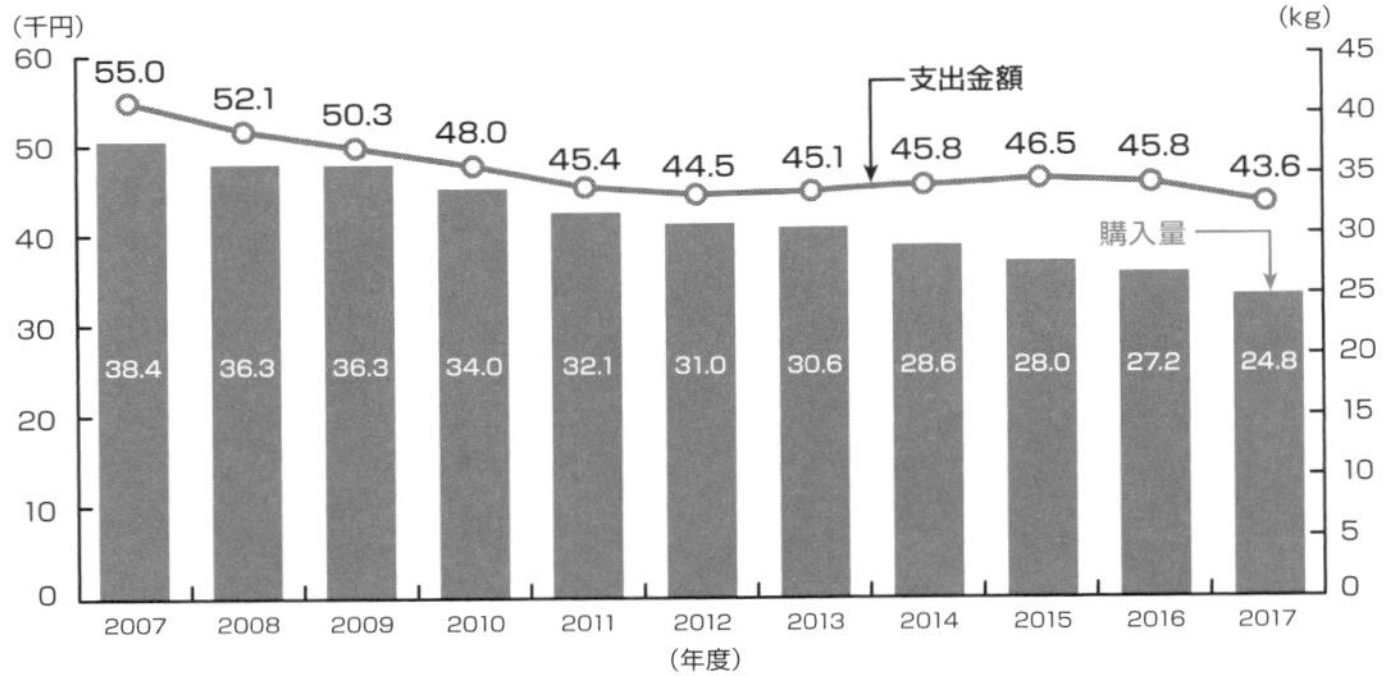

※出典：水産庁Webサイト(https://www.jfa.maff.go.jp/j/kikaku/wpaper/h29_h/trend/1/t1_2_4_2.html)

図４は生鮮魚介類の価格変動と購入量の関係を表したものです。あきらかに両者の間には反比例の関係があります。つまり、価格が高くなれば売れなくなるという当たり前の結果が現われています。

多くの魚介類で購入量が減少していますが、図５のサケ及び塩サケについては、他の魚種に比べ、購入量はさほど減少せず高い水準を維持しています。これは、サケのように切り身で

●魚介類の消費者物価指数と1人1年当たりの購入量（図4）

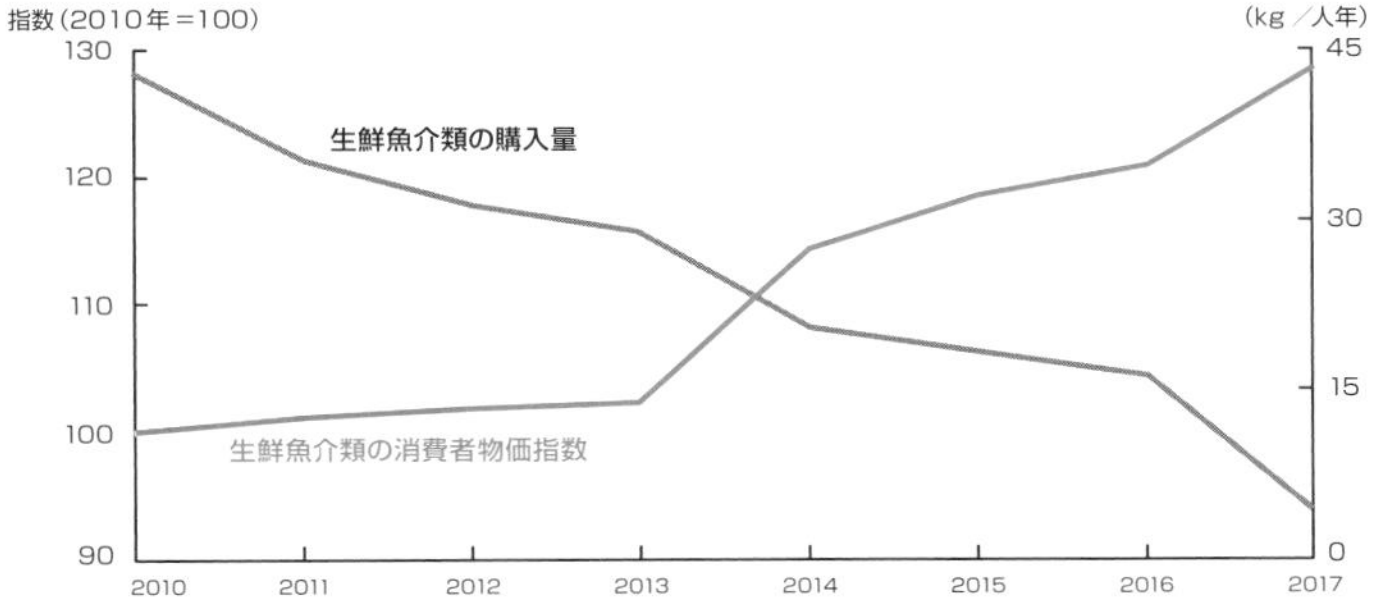

●サケ及び塩サケと1人1年当たりの購入量（図5）

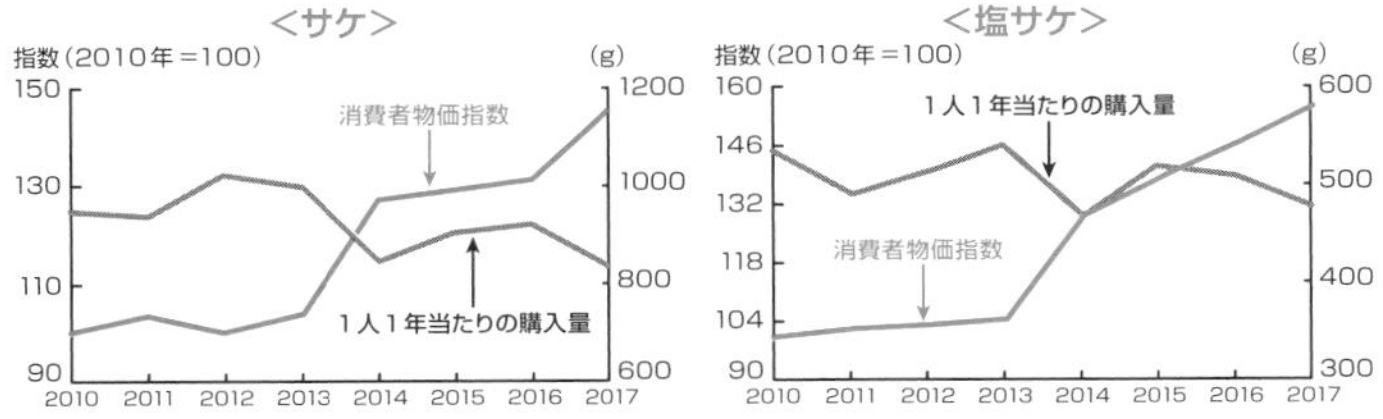

※出典：水産庁Webサイト（https://www.jfa.maff.go.jp/j/kikaku/wpaper/h29_h/trend/1/t1_2_4_2.html）

売られることが多く調理がしやすい魚種は、水産物の消費が減少する中でも比較的安定的に消費され、価格が上昇しても購入量が大きく減少しないことを示しているものと考えられます。

生鮮魚介類専門店

かつては、いわゆる街の魚屋さんが魚介類の旬や産地、おいしい食べ方等を消費者に教え、調理方法に合わせた下処理のサービス等も提供して人々の食生活を支えていました。しかし、鮮魚専門の小売店の数は減少し、消費者の多くはスーパーマーケット等の量販店で魚介類を買うことが多くなっています。

大手量販店を中心とする流通では、定量・定時・定規格・定価格での供給が重要とされますが、日本の国産水産物は、沿岸漁業を中心としているため、魚種構成やサイズが多様である上、生産量も日により変化します。

こうしたことも、量販店の店頭には安定供給が可能な冷凍輸入品が多く並ぶ状況を作っているものと考えられます。

SECTION 08

漁獲高

世界の人口は19世紀前半には10億程度だったと言われます。それが20世紀になると急成長を続け、1960年には30億、1975年には40億となり、2020年の現在では77億となっています。

人口が増えればそれを養うための食料が必要になるのは当然です。穀物、野菜など主食を担う農産物は化学肥料、殺虫剤の開発と普及、緑の革命と言われた農業形態の革新などによって人口増加に追いつくことに成功しています。

水産物の供給量はどうなっているのでしょうか？　水産物は農産物と違って、主食ではありません。ということは消費者の嗜好が反映されると言うことです。民族によっては獣肉を第一とし、魚介類はそれを補う物と考えます。しかし、民族や個人によっては反対です。そして最近は経済水準が高くなると魚介類の消費量が増えると言う傾向が指摘されています。

漁業の産出量、漁獲量はどのように変化しているのでしょうか?

世界的動向

図1は世界の漁業・養殖業を合わせた生産量、漁獲量の経年変化を表した物です。漁獲量は増加し続けています。1960年から2016年の60年足らずの間に3000万トンから2億1000万トンと7倍近くの飛躍的な伸びを見せています。

しかし、このうち漁船漁業生産量は、1980年代後半以降は横ばい傾向となっていることがわかります。つまり、海で網を使って捕る捕獲漁業の漁獲量は1980年代以降は横ばいであり、漁獲量の増加は養殖業によって補われているのです。

●世界の漁業・養殖業を合わせた漁獲量(図1)

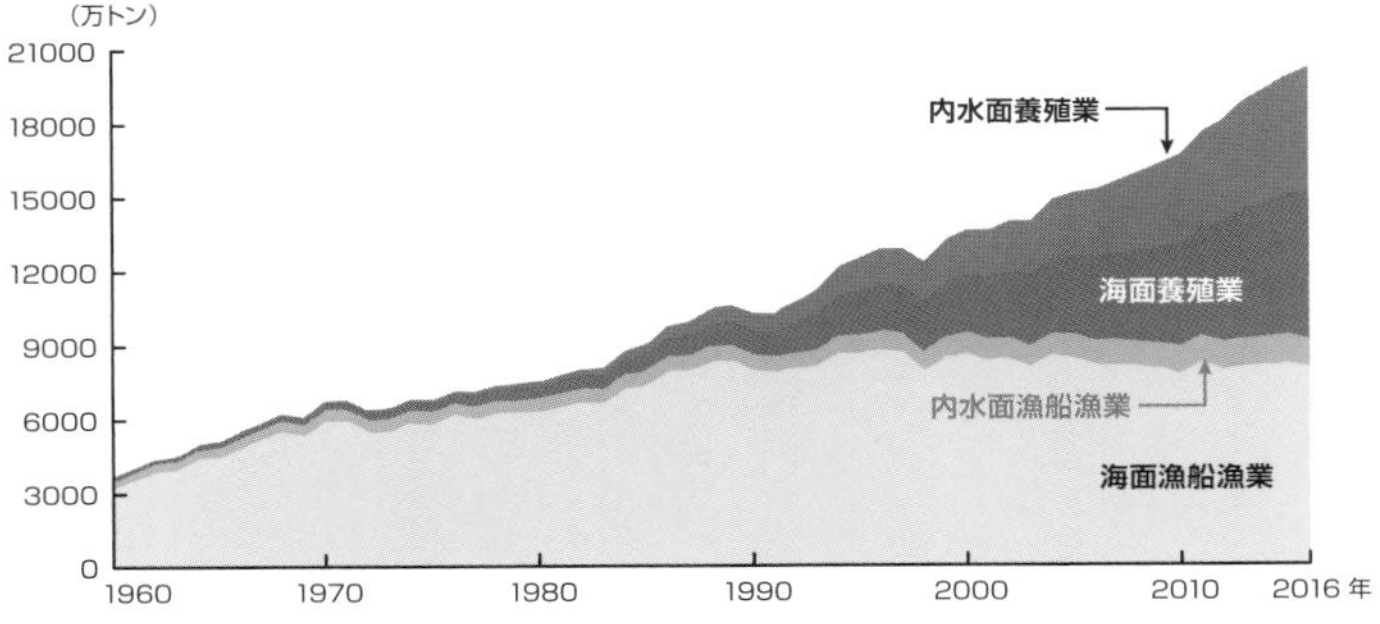

※出典:水産庁Webサイト(https://www.jfa.maff.go.jp/j/kikaku/wpaper/h29_h/trend/1/t1_2_3_1.html)

国内生産量の動向

図2は日本の漁業・養殖業の生産量（漁獲量、重量）を表した物です。1984年をピーク（1282万トン）に1995年頃にかけて急速に減少し、その後は緩やかな減少傾向が続いています。

1984年以降の急速な減少は、沖合漁業のうち、まき網漁業によるマイワシの漁獲量の減少によるものであり、これは海洋環境の変動の影響を受けて資源量が減少したことが主な要因と考えられています。

しかし、その後も減少傾向に歯止めはかからず、養殖漁業まで含めても総漁獲量は減少を続けています。

●日本の漁業・養殖業生産量（図2）

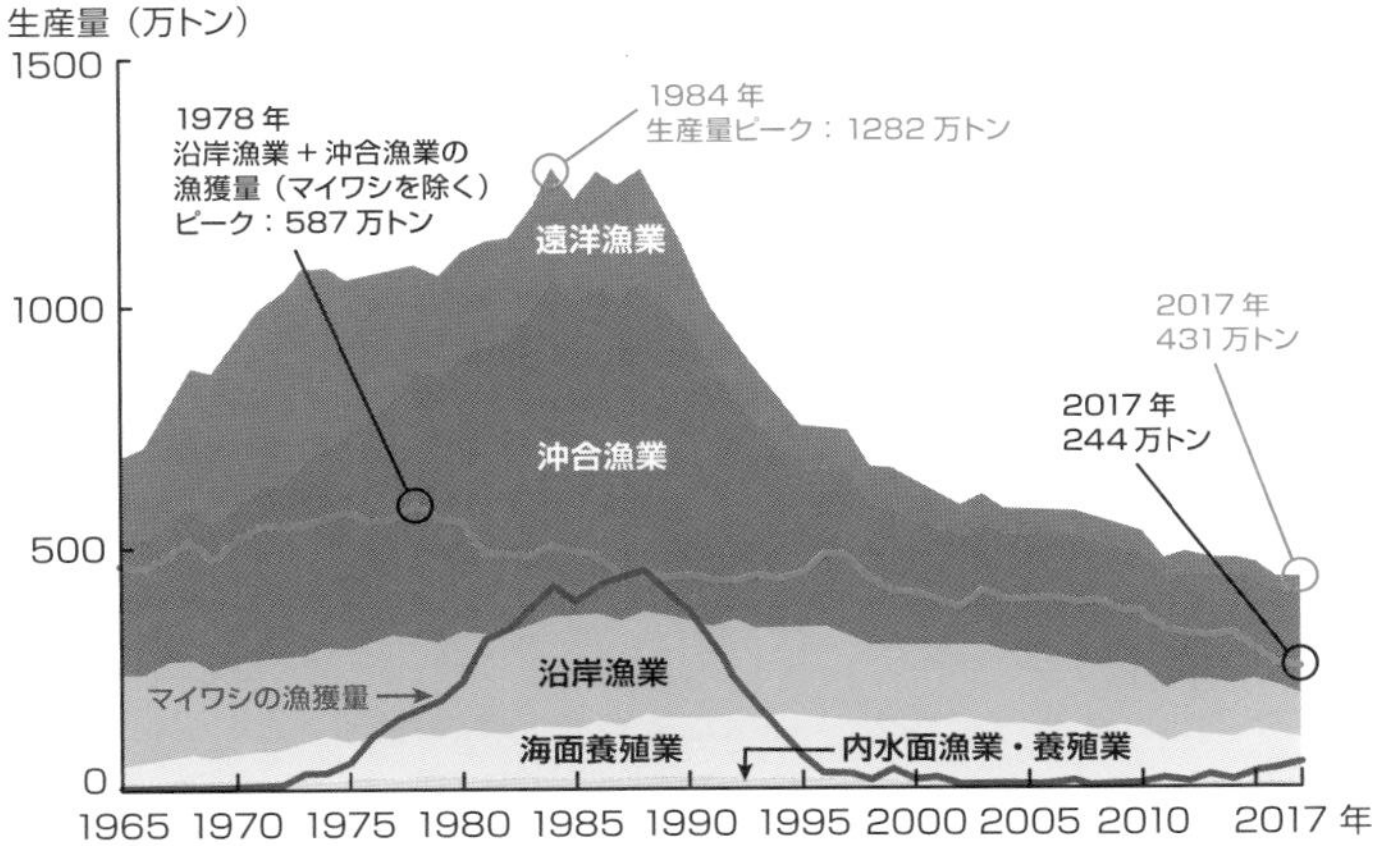

※出典：水産庁Webサイト（https://www.jfa.maff.go.jp/j/kikaku/wpaper/h29_h/trend/1/t1_2_3_1.html）

漁業収入

図3は図2（重量単位）を金額で表したものです。1982年に産出額のピーク（2兆9772億円）を迎えた後、減少が続いているものの、直近は持ち直しています。

この図で注目すべき点は1965年の漁獲高（約0・6兆円）が2017年には1・6兆円と3倍近くに伸びていることです。しかしこの間の物価の上昇を考えると、この程度の伸びは物価上昇に飲みこまれていると言って良いでしょう。しかしまたその反面、漁業の機械化によって就業人口も減っており、就業人口1人当たりの漁獲高は、この間実質的な変化は無かったのかもしれません。

●漁獲高（金額）の変化（図3）

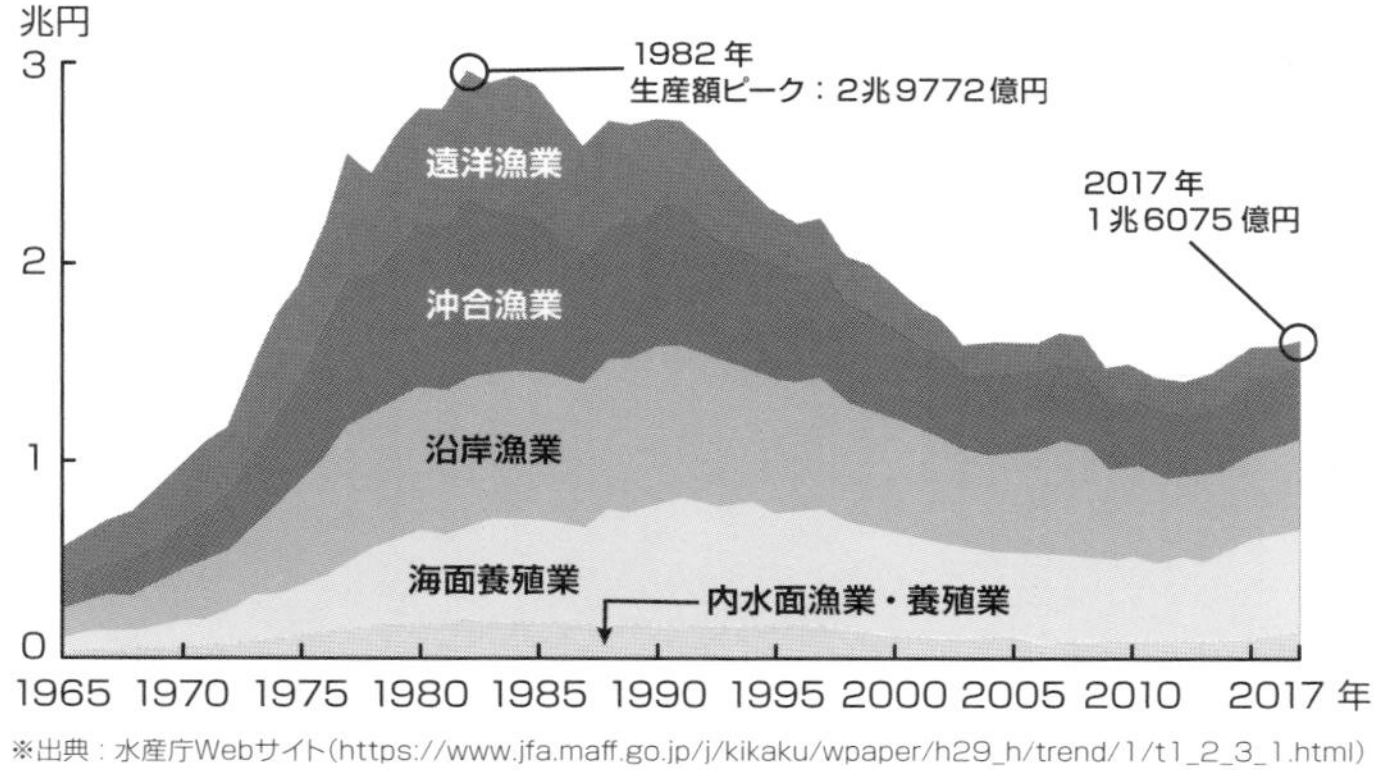

※出典：水産庁Webサイト（https://www.jfa.maff.go.jp/j/kikaku/wpaper/h29_h/trend/1/t1_2_3_1.html）

SECTION 09

漁業従事者

かつて若者に嫌われる職業として「３Ｋ」がありました。「きつい」「汚い」「危険」な職業と言われるものです。鉱業、農業、酪農などの第一次産業は概ねこの様な職業と見做されました。それから言ったら漁業は典型的な３Ｋ職業と言われるのかもしれません。漁業従事者の人口は間違いなく減少の一途を辿っています。

　図１は国内における漁業従事者の人口推移を表した物です。確実に右肩下がりの減少傾向です。１９９７年からのわずか10年の間に27％も減少しています。

●漁業従事者の人口推移（図１）

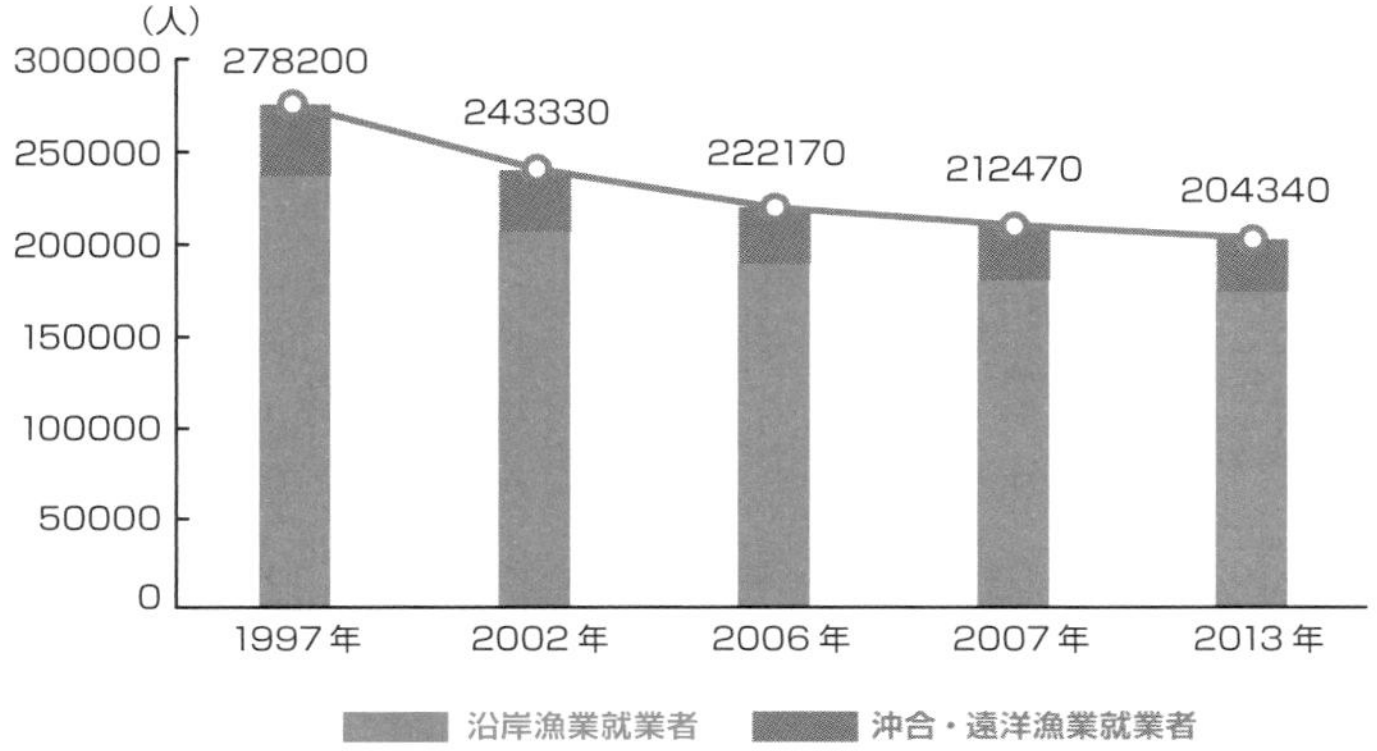

図では、沿岸漁業と沖合・遠洋漁業を分けて表示していますが、どちらも減少しています。減少の割合から言ったら、沖合・遠洋漁業の方が減少が激しいかもしれません。この減少分を補っているのは東南アジアからの労働者が埋めているのかもしれません。

漁業人口を年齢別に見ると驚いたことに、１９８３年当時より、２０１４年の方が65歳以上の高齢者の実人口が増えているのです。

これは人口の減少は高齢になって辞めたからではなく、若い人が若いうちに辞めていることを示しています。つまり、漁業は若い人に魅力を与えることができないということです。若い人は途中で漁業の前途に見切りをつけて途中退場をしているのです。

現在の漁業従事者の35％は65歳以上の高齢者なのです。漁業が体に負担を強いる職業であることは言うまでも無いでしょう。

SECTION 10

漁船建造量

漁業の変遷は漁船の建造量で見ることができます。漁業が盛んなら漁船が多く作られるということです。

船質別建造量

図1は、1953年から直近までの船質別の建造隻数の推移を示しています。船質と言うのは「木造漁船」、「FRP（グラスファイバー製）漁船」、「鉄鋼船（軽合金船を含む）」のことを言います。

木造漁船は1972年まで増え続けて26万隻に

●船質別の建造隻数の推移（図1）

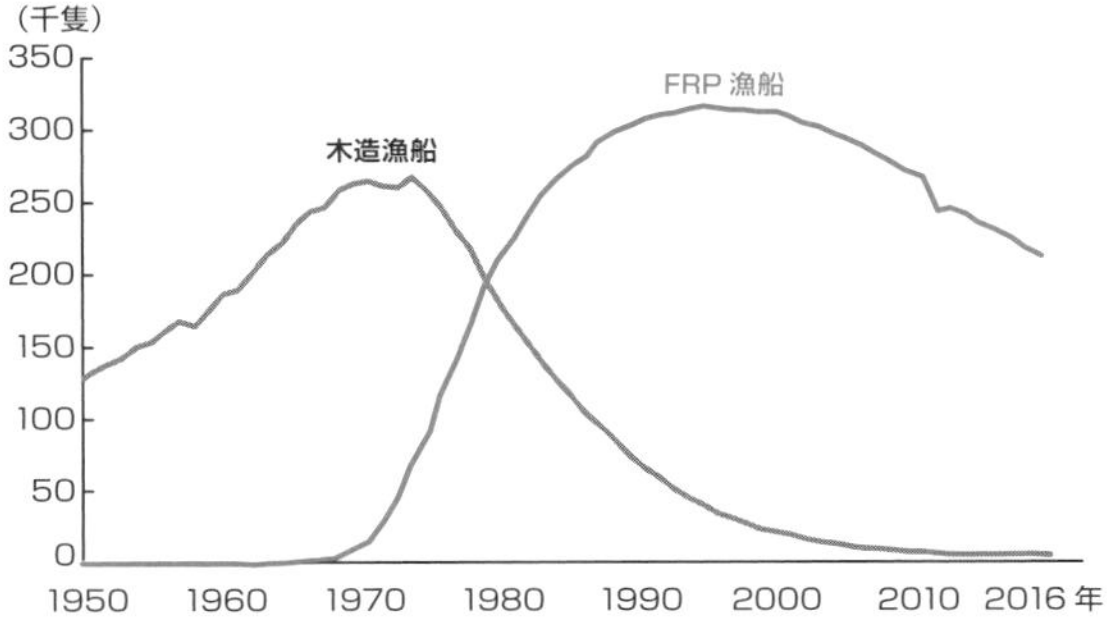

達しています。しかしその後は急激に減少し、直近では2千隻ほどになってしまいました。それに代わって増加したのがＦＲＰ漁船です。１９７０年に入ってから急激に増加しています。ＦＲＰ漁船は、木造漁船に取って代わるように増えて１９９５年まで増え続けました。その隻数のピークは32万隻に達するほどです。木造漁船のピークよりも5万隻以上増えています。これはＦＲＰ漁船が木造漁船に取って代わっただけではないことを意味します。考えられるのは、複数の漁船を所有する漁業者が増えたということかと思われます。

図2は国内で小型漁船用に出荷された漁船用機関（ディーゼルエンジン）の出荷数量の推移です。２０１０年まで落ち込み、その後上昇しています。漁船用機関の数は船の建造数よりも多くなります。これは２０１１年の東日本大震災後も船用機関の市場が活発化し、直近も市場が冷え込んでいないことを示している物であり、明るい兆候と言うことが出来るでしょう。

●漁船用機関の出荷数量の推移

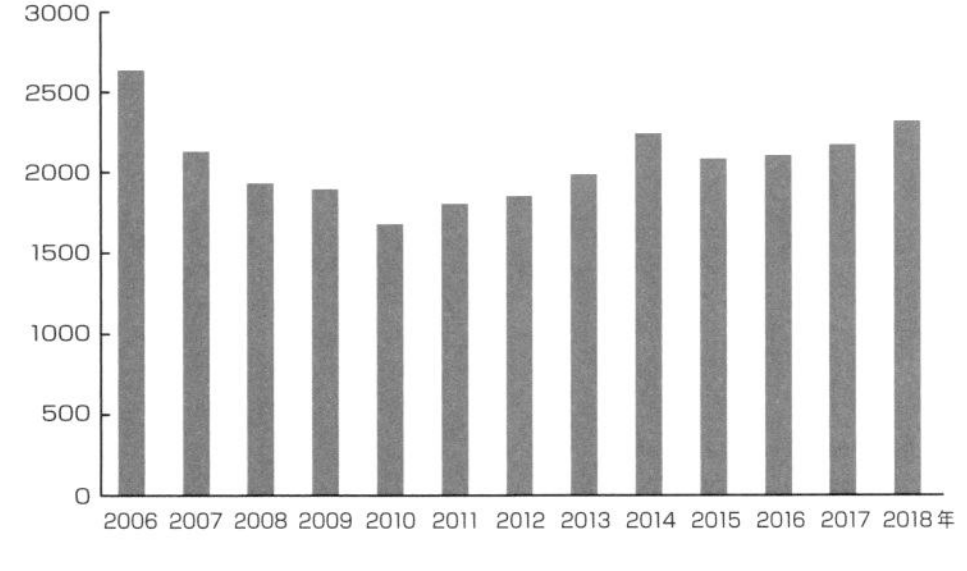

Chapter.3
捕獲漁業

SECTION 11

遠洋漁業

漁業は世界中の海で行われています。この時、一般に自国から遠く離れた海域で行われる漁業を遠洋漁業、海岸近くで行われるものを沿岸漁業、その中間を沖合漁業として区別することがあります。

遠洋漁業の範囲

遠洋漁業は主に外国の２００海里水域内、あるいはどの国にも属さない公海を漁場とする大型漁船を使った漁業のことを言います。この中には遠洋マグロ延縄漁業、遠洋カツオ一本釣り漁業、大型イカ釣り漁業、遠洋トロール漁業などがあります。

遠洋漁業の主な漁場は南太平洋、アフリカ近海のインド洋、さらに北大西洋などです。船は大型の３５０～５００トンが中心で、一度日本を出ると短くて1カ月、長い場合は1年半も帰国しないこともあります。船員の拘束時間を短くするため、先に船だけが漁場に向かい、船員は後に飛行機で漁場近くの港へ行くこともあります。近年は外国人の乗組員が増加しています。

漁獲量

遠洋漁業の歴史は、明治時代の帆船や汽船の時代にさかのぼります。漁船技術は漁船や漁法の進歩とともに成長をとげ、第二次世界大戦後の高度経済成長期になると、漁獲量も飛躍的な伸びをみせました。

しかし、1974年の約400万トンの漁獲をピークに減少を続けています。その原因

●遠洋漁業の漁獲量の推移

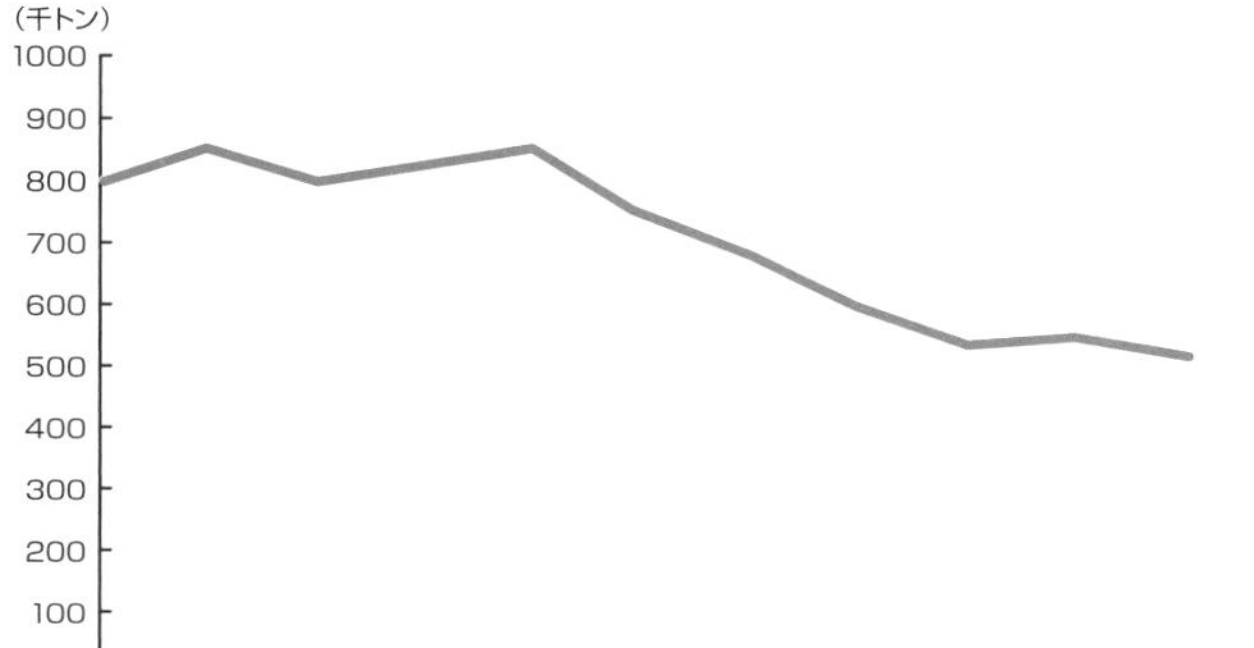

としては、1976年の米国による200海里法の設定に始まる諸外国の200海里水域の設定があげられます。それ以降世界的に200海里体制が定着し、遠洋漁業の漁獲量は大幅に減少しました。近年は50万トンにまで低下しています。

その一方で、消費者の嗜好の変化によるエビ、カニ、マグロなどの高級魚介類の需要増加によって輸入魚が増え、最近ではアジ、サバといった大衆魚の輸入も増えています。遠洋漁業においては各国際海域に関して設置された国際地域漁業委員会などによる資源管理が重要な課題になっており、操業・経営の合理化などを徹底して行うなどの対応が求められています。

漁法

遠洋漁業にはいろいろの漁法があります。代表的な物を見てみましょう。

❶ カツオ一本釣り

大勢の漁師が釣竿を持って船べりに並び、船から海面に餌の小魚を撒きます。これを追って食べるカツオの群れの中に、疑似餌を着けた釣竿を入れるとカツオが食いつきます。それを1匹ずつ船上に吊り上げると言う豪快な漁法です。網で採るのに比べて魚体が傷まないので、高価に取引されます。1航海は平均50日で、うち平均操業日数は25日です。年間平均7~8回の航海となります。

❷マグロ延縄漁

延縄《はえなわ》は、漁業に使われる漁具の一種です。1本の幹縄に多数の枝縄(これを延縄と呼ぶ)をつけ、枝縄の先端に釣り針をつけた仕掛けです。延縄を用いた漁法を「延縄漁」と呼びます。釣り針に餌を着けて漁場に仕掛けた後、しばらく放置して、再び延縄を回収して魚を収獲します。

1航海は平均380日で、うち平均操業日数は250日です。操業中は3~4カ月に一度、乗組員の休養と燃油・食糧の補給のため、最寄りの外国の港に寄港します。

❸底引き網(トロール)漁

一般惣菜用の表層魚・中層魚・底魚など、あらゆる魚種を対象とし、諸外国の

200海里水域内と公海水域で操業しています。現在、遠洋底曳網船の総隻数は55隻で、大きさは100～4000トンと各種あります。巨大な網を引く時には数隻の船で引くもので、その海域に居る魚は根こそぎ取られてしまいます。

底引き網漁はあらゆる漁法の中でも混獲率が最も高いとされます。北太平洋では、底引き網漁での捕獲量は年間の水底魚捕獲量の18％を占めますが、この地域で廃棄される混獲魚の82％が底引き網漁によるものと言われます。時には一度の底引き網漁での捕獲漁の90％以上が混獲になることもあると言います。

重い底引網を海底に沈めるため海底の土を舞い上げてその場所に住む海生生物の環境を壊すことも問題視されています。ニュージーランドでの調査では、通常の海山では岩の部分は5％しかないのに、底引きトロール漁が頻繁に行なわれた海山ではその約95％がむき出しの岩になっていたと言います。そのため、アメリカやニュージーランド等、多くの国で規制されています。

SECTION 12

沖合漁業

日本の漁業は、沿岸から沖合へと大きく拡大してきました。日本から200海里以内を主な漁場とし、20～150トンくらいの漁船をつかう漁を一般に沖合漁業と言います。

沖合漁業の概略

漁獲量は、日本の漁業のなかで最も多く、漁業全体の約40%を占めます。食卓でなじみの深い、アジ、サバ、イワシ、サンマなどのいわゆる大衆魚やエビ、カニなどは沖合漁業の収穫物です。

魚種や漁法、漁場によって仕事の内容にもさまざまな違いがあり、日帰りの漁から50日以上におよぶ船上生活を必要とする漁まで多彩です。漁船の大きさは短期間の操業をする船なら20~30トン、長期に渡って漁場を回る場合は120~200トンクラスが中心となります。

沖合漁業の漁獲高は1980年代半ばをピークに、海水温・潮流の変化、イワシのとりすぎなどで徐々に漁獲量を減らしています。また、この時期に円高が進み、海外からの魚介類の輸入が増えたことも影響しています。

沖合漁業には大中型巻き網漁業や沖合底曳き網漁業、近海カツオ一本釣り漁業、近海マグロ延縄漁業、沖合イカ釣り漁業、以西底曳き網漁業、サンマ棒受け網漁業、サケ・マス流し網漁業などがあります。

●沖合漁業の漁獲量の推移

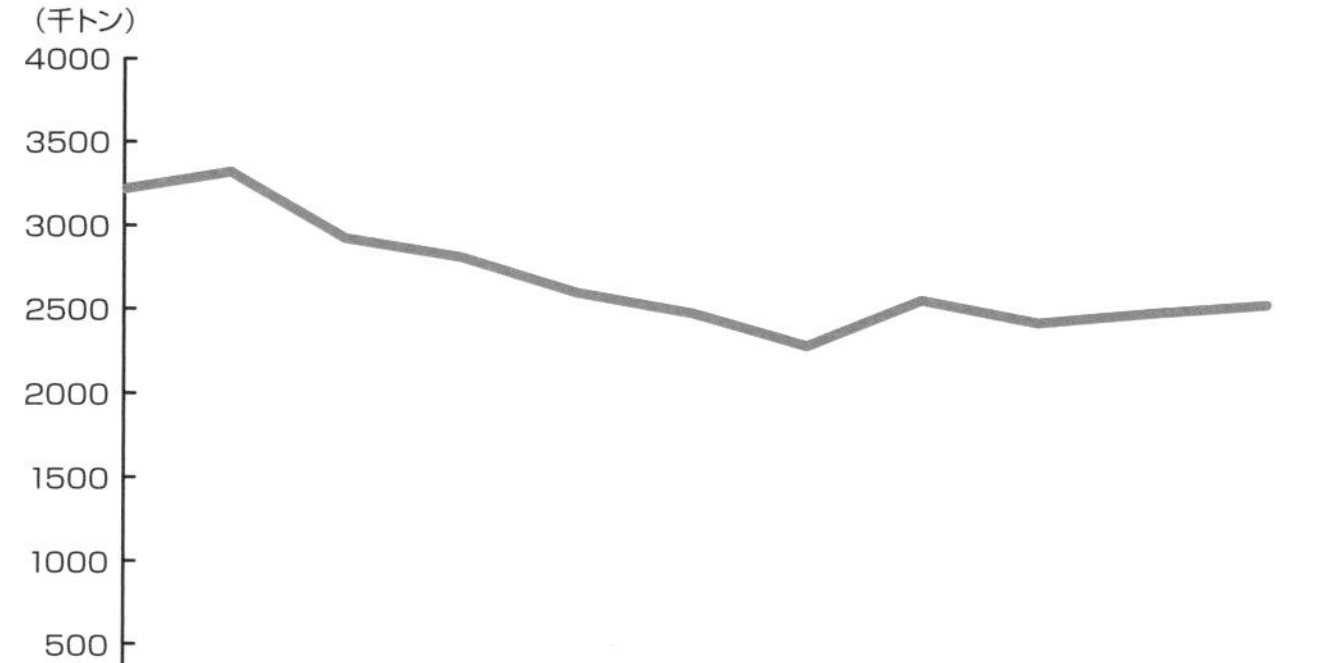

漁法

沖合漁業の主な漁法を見てみましょう。

❶ 沖合イカ釣り漁業

沖合イカ釣り漁業は、30〜138トンの漁船を使用します。夜間に船上にセットした集魚灯を着けるとイカが集まってくるので、それを自動イカ釣り機によって漁獲する漁業です。

❷ 巻き網漁

大型の網を円形に広げて、泳ぎ回る魚を群ごとすばやく包み込むようにして獲る漁法です。群を網で囲むと、網の底をしぼって囲みを小さくします。アジ、サバ、イワシなど大群で回遊する魚を狙います。巻き網漁は、漁獲の方法としては、効率がよく、一度に大量に獲ることができます。

❸棒受け網漁

漁船の側面から、長方形、または箕(み)状の網を竹などの棒に付けて張り出しておき、集魚灯や撒き餌によって魚を網の上に誘導して、網の手前側の綱を引き上げてすくいとる方法です。サンマ・アジ・サバ漁などに用います。

❹刺し網漁

目標とする魚種が遊泳・通過する場所を遮断するように網を張り、その網目に魚の頭部を入り込ませる(これを網目に刺すという)ことによって漁獲する方法です。

❺流し網漁

刺し網の一種です。通常の刺し網では、アンカーなどの重りで網を固定しますが、流し網は固定せず、潮の流れに任せて網を流して魚を獲ります。カジキやモウカザメなど、大きな魚をターゲットとしているため、15～18㎝と網目のサイズが決められています。最近、公海上の流し網漁が海生哺乳動物や海鳥の混獲などによって生態系に悪影響を及ぼすことが問題となり、使用を抑える措置がとられるようになりました。

SECTION 13

沿岸漁業

沿岸漁業は家族労働を主体とし、一人か二人乗りの10トン未満の小さい漁船を使った日帰りで操業する漁業です。ハマチや海苔や真珠といったさまざまな養殖業、サケやブリを対象とした定置網漁業も沿岸漁業に入ります。

❶沿岸漁業の概略

漁獲量や漁獲金額、就業者数を見ても沿岸漁業は日本の漁業の大きな柱ですが、その漁獲量は1975年後半から1980年代はじめをピークとして、その後増加が見られなくなりました。

●沿岸漁業の漁獲量の推移

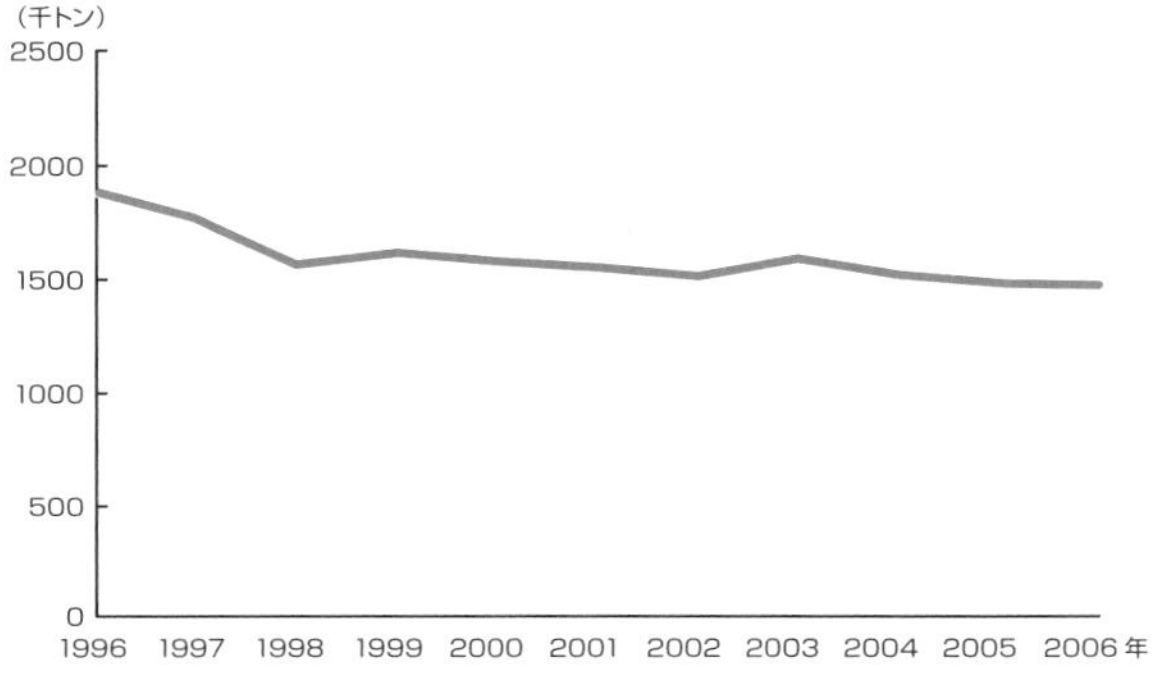

沿岸漁業ではこれまでの「獲る漁業」から、陸上の施設で親魚から卵をとり、卵から孵化させた稚魚を一定の大きさに育ててから海に放流し、資源を増やすという「つくり育てる漁業」に方向転換し、持続的な漁業を目指しています。

さらに、沿岸は沖合や遠洋水域に生息する魚の稚魚、幼魚が育つ重要な場所でもあり、国や県、漁業関係者が沿岸環境の保全と資源回復に努力しています

遠洋、沖合、沿岸漁業の比較

図1は遠洋、沖合、沿岸漁業による漁獲高の比較です。最も多いのは沖合漁業で、次が沿岸漁業です。図2はそれを市場に出した場合の生産額です。沿岸漁業が第一で、養殖業がそれにほぼ並んでいます。

漁獲の単価が養殖業、沿岸漁業で高くなっていることがよくわかります。遠洋漁業で獲れる

●漁業別の漁獲量2006年（図1）

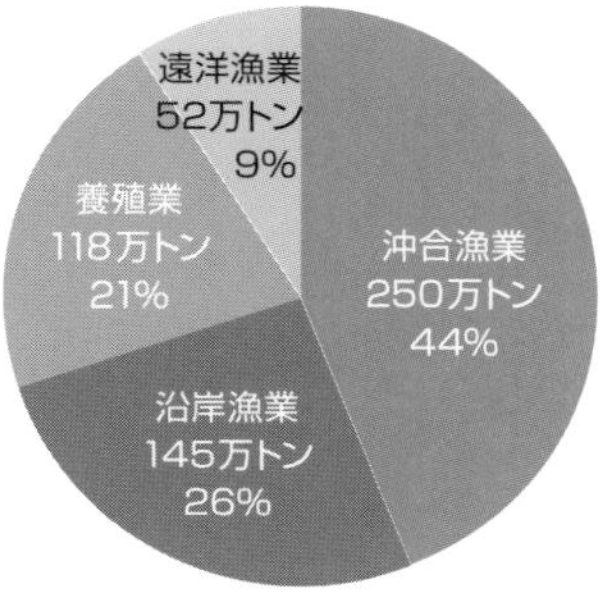

合計生産量 565 万トン

魚種はマグロなど一部の高級魚を除けば概して単価が安く、しかも冷凍品であるため、更に単価が下がります。これが遠洋漁業の宿命でしょう。

図3は各漁業に従事する人の割合です。沿岸漁業人口が87％と圧倒的多数を誇ります。

●漁業別の生産額2006年（図2）

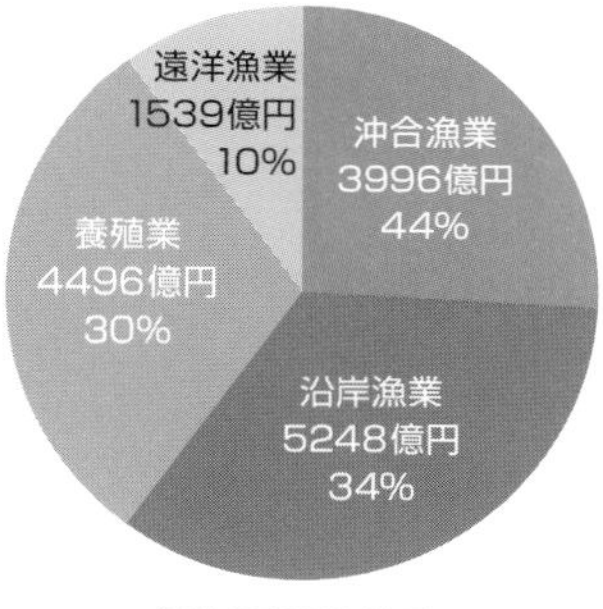

合計 15279 億円

●漁業に従事する人の割合2006年（図3）

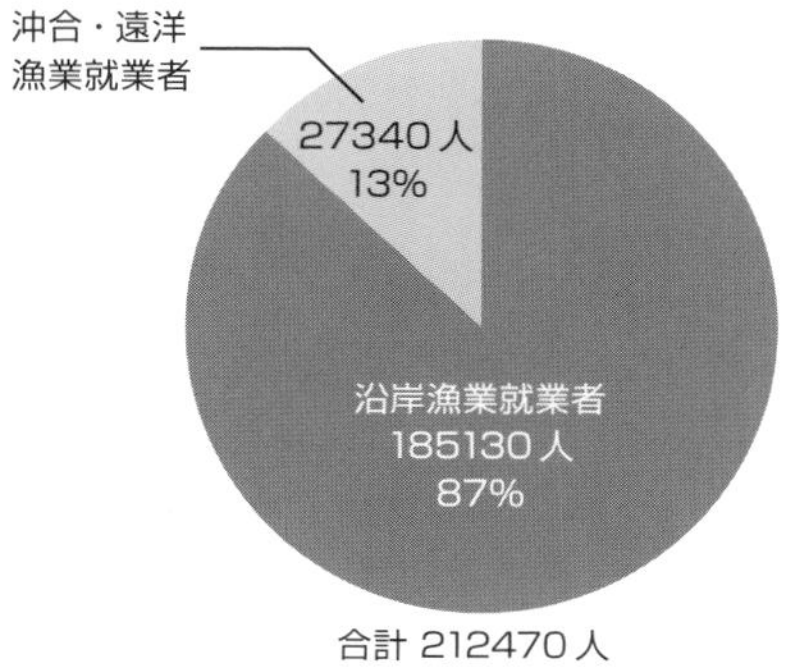

合計 212470 人

SECTION 14

淡水漁業

海を海面と言うのに対して、湖沼、河川、沼、池などを一般に内水面と言います。そして、内水面で行われる漁業を、海面漁業に対して内水面漁業と言います。しかし、内水面漁業と言うと養殖漁業も入ってしまいます。

本書では、養殖は次章のChapter.4で見ることにしていますので、淡水魚の漁獲を目指す漁業を淡水漁業と呼ぶことにします。もっとも、内水面漁業と淡水漁業は区別して用いることもありますが、同義語として用いられる場合が多いようです。

淡水漁業の概略

２０１０年における海面養殖業は全体の21％を占めるにすぎませんが、内水面では全体の49％ときわめて大きな割合を占めています。内水面生産量は２０１０年では7

万9000トンで、そのうち養殖以外の漁獲量は3万9000トンです。

主な漁獲地は霞ヶ浦、北浦、琵琶湖、宍道湖などの湖沼と、十勝川、那珂川、利根川、信濃川、揖斐川などの河川です。これらのなかで霞ヶ浦、北浦および琵琶湖は指定湖沼として漁業法上では海面と同じ扱いを受けます。

指定湖沼における漁法は湖沼によって異なり、琵琶湖では刺し網が38%を占め、霞ヶ浦、北浦では底曳き網類が85%を占めています。河川においては釣り、延縄がもっとも多く、ついで投網、刺し網などとなります。これらの漁具を用いてサケ・マス類、アユ、ワカサギ、ウナギ、コイ、フナ、シジミなどを漁獲しています。

淡水漁業の漁獲高

次ページの図は淡水漁業の漁獲高の推移です。グラフから明らかなように、1978年頃をピークにそれ以降は明らかな下降を辿っています。特に河川中流域で大幅な魚類の減少が見られます。

その原因は取水に伴う水量の低下、ダムや堰堤の設置による流れの断絶、護岸工事などによる魚の隠れ場所や繁殖地の消失等にあると見られます。また、下水処理の高度化によって消毒用塩素、あるいは凝集剤などによる水質悪化も原因として考えられます。

●淡水漁業の漁獲高の推移

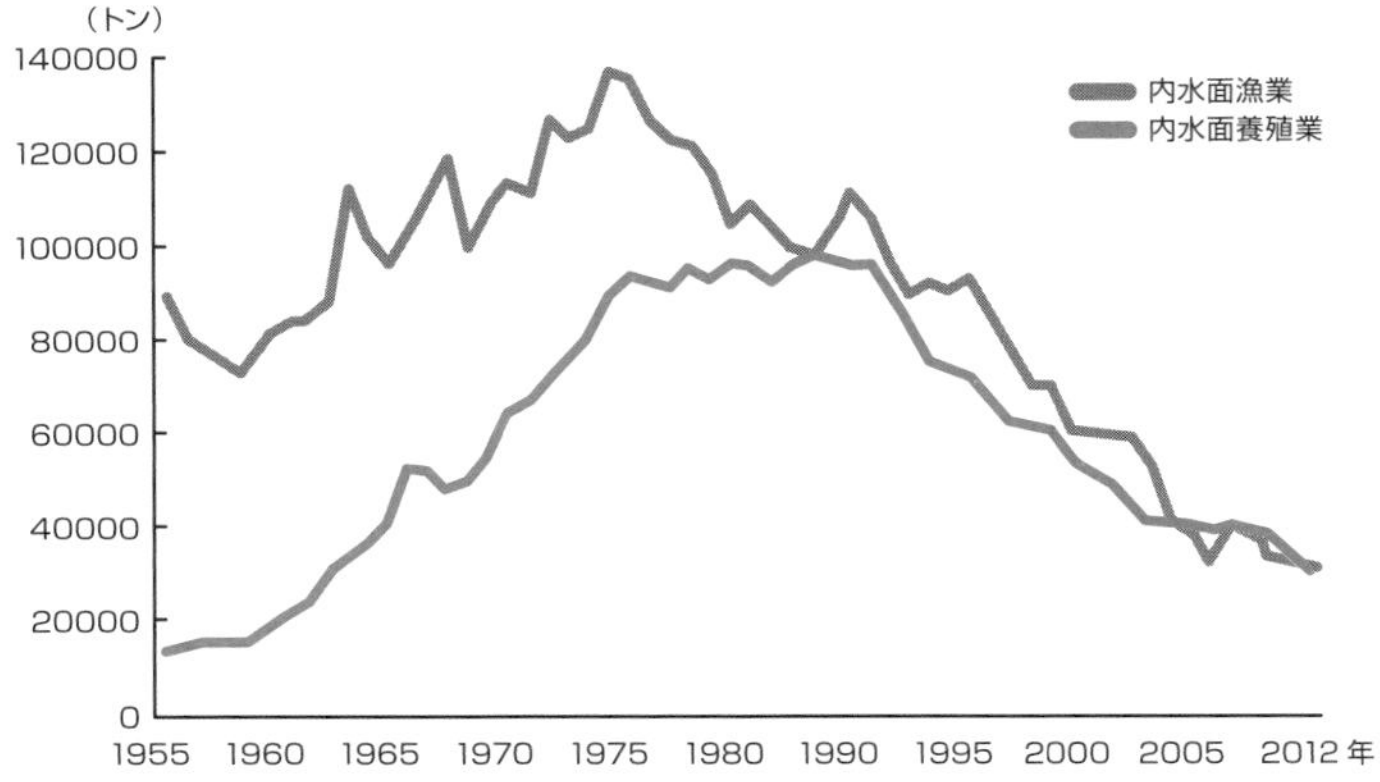

※水産庁「内水面漁業・養殖業魚種別生産量累年統計」を基に作成

SECTION 15

捕鯨

クジラを獲っていたのは日本だけではありません。アメリカもヨーロッパも取り続けて来ました。しかし欧米がクジラを獲る目的は、その油を照明用のランプに使うためと、髭クジラのひげを女性のスカートを膨らませるためのバネとして使うためでした。日本人が貴重なタンパク源として、食料獲得を目的にして捕鯨していたのとは大きな違いがありました。

近代捕鯨

日本では、戦後、食料不足で多くの人が困っていました。そこで、１９４５年、国際捕鯨協定の全面的遵守と捕獲したクジラを最大限食糧として国民に供給することを条件に、マッカーサー・ライン（戦後、日本の漁船が操業できる海域を規制した線）内での捕鯨が許可されました。

　その後、捕鯨産業は活発になっていきました。しかし、1982年に国際捕鯨委員会（IWC）で商業捕鯨モラトリアム（一時停止）が採択されたため、1988年以降はIWC規制対象外の沿岸小型捕鯨を除き、日本の商業捕鯨は行われていません。図1は日本の捕鯨における捕獲頭数の経年変化です。

　日本は商業捕鯨の再開を主張し続け、鯨類の個体数増減などモラトリアムの科学的根拠を得る目的で北大西洋や南極海で調査捕鯨を実施してきました。しかし、これが実質的な商業捕鯨であるとの非難を受け続けました。その結果、ついに日本はIWCを脱退し、2019年7月から商業捕鯨を再開すること

●日本の捕鯨における捕獲頭数の推移（図1）

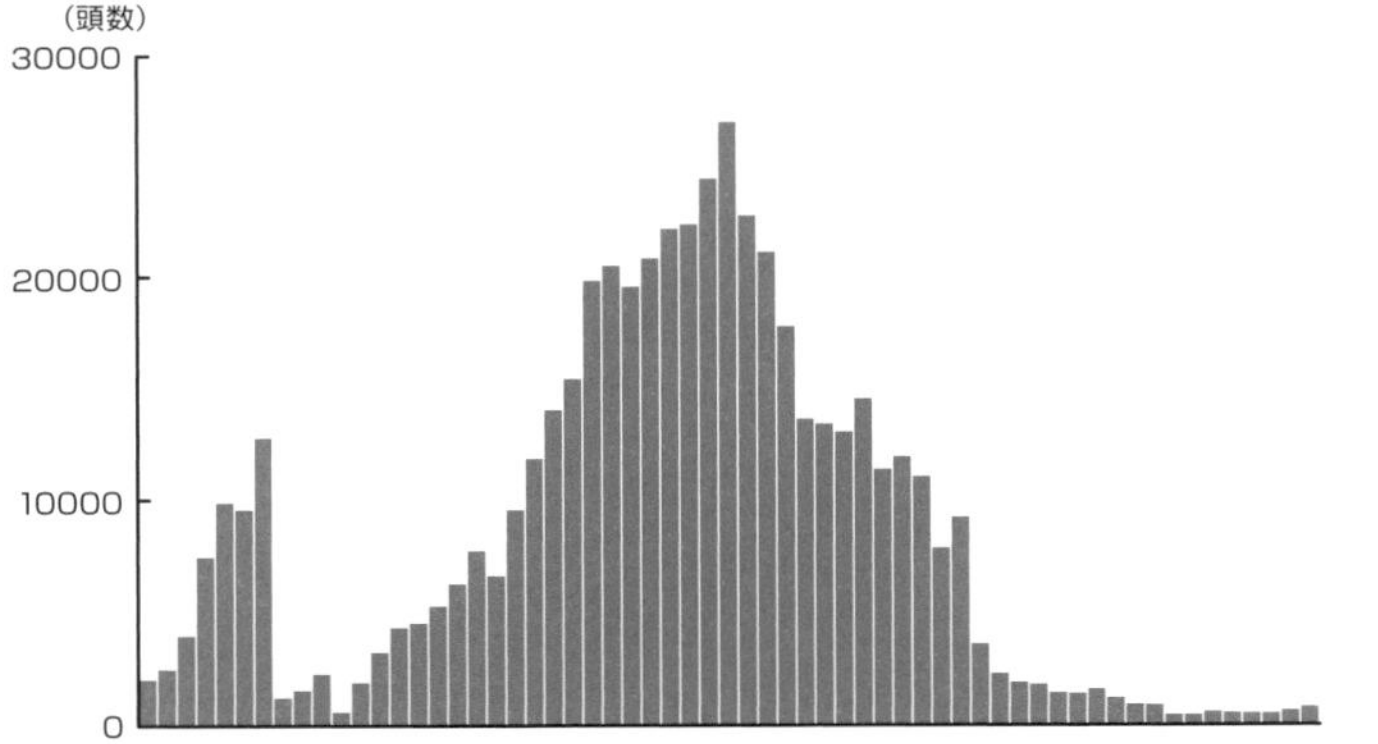

※農林水産省「漁業養殖業生産統計年報」を基に作成

を決定しました。

しかし問題はあります。それは、日本人は果たしてクジラを欲しがっているのか？という問題です。

図2は日本国内における鯨肉の消費量の変化です。1990年頃を境に消費量は0に近い状態です。これは商業捕鯨が出来なかったので鯨肉の供給量が少なく、そのため消費したくてもできなかったということもあるでしょう。

しかし最近の消費者がクジラ離れをしていることも明らかなことです。牛肉、豚肉、鶏肉が手頃な値段で豊富に手に入る現在、特有な匂いと味を持つ鯨肉をあえて買おうと言う消費者がどれくらいいるのでしょうか？

●日本国内における鯨肉の消費量の推移（図2）

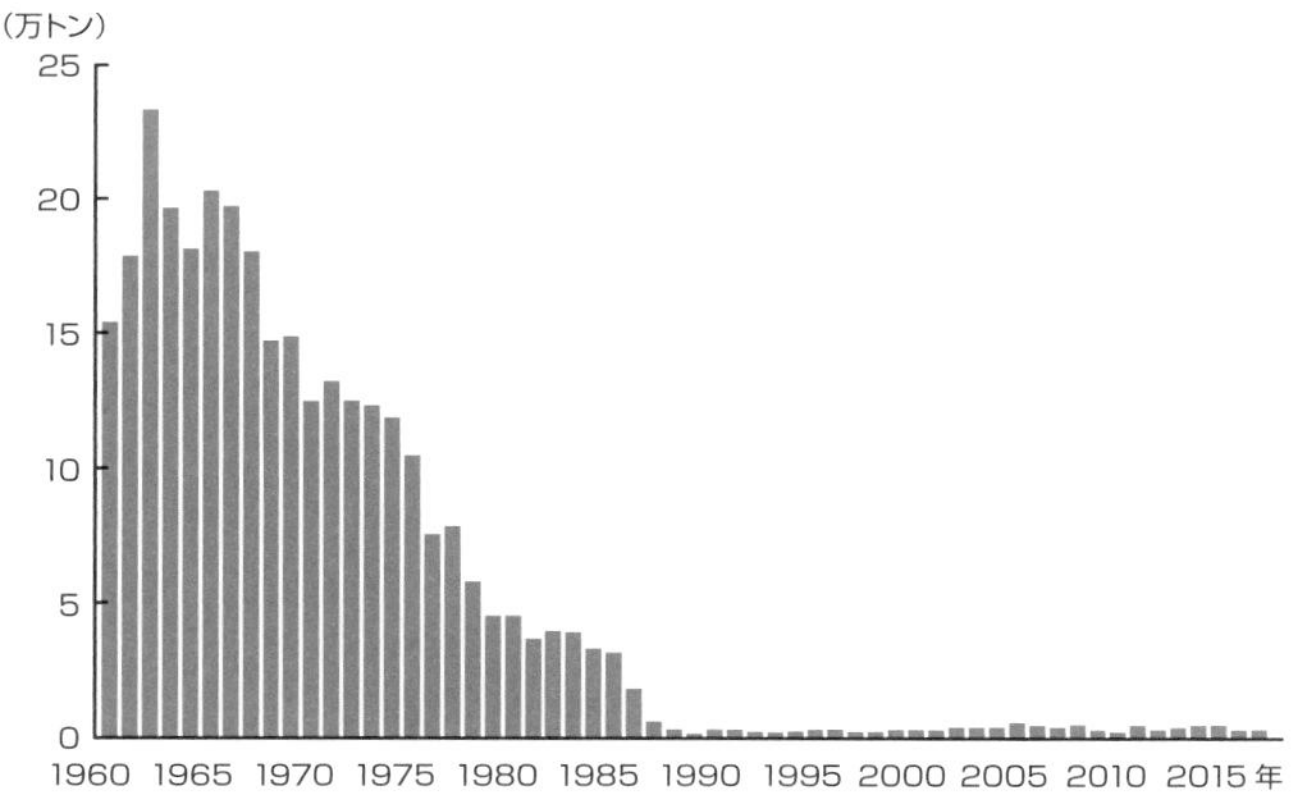

※農林水産省「食料需給表」を基に作成

Chapter.4
養殖漁業

SECTION 16

海水魚養殖

太古の人類は、採集によって木の実や若芽などの植物食料を得て、狩猟によって動物食料を得て、漁猟によって魚介類食料を得て生活していました。

それが採集は農耕に発展し、今では採集は春の山菜と秋のキノコなど、趣味の領域に残る程度となりました。狩猟は酪農となり、自然界からの狩猟はジビエというこれまた狭い嗜好の範囲に縮まりました。漁猟も同じなのかもしれません。

養殖の種類

捕獲あるいは人工繁殖によって得た水産生物を飼養して、助長し、数量の増加を行うことを一般に養殖と呼びます。

養殖は内水面養殖（淡水）と海面養殖に大別することができます。前者には池を利用した（コイ、ニジマス、アユ、ウナギ、スッポン）、水田を利用した（コイ、ドジョウ）、溜池、河川を利用した（コイ、ボラ、フナ）などの養殖があります。

　後者には陸上の養殖池や廃止塩田を用いた池中養殖（クロダイ、ボラ、スズキ、クルマエビ）、海面を堤防や網で仕切った区画養殖（ブリ、マダイ、トラフグ）、筏や縄を用いた垂下式養殖（カキ、ホタテガイ、アコヤガイ、ワカメ）、網やソダ建てによる養殖（海苔、カキ）、干潟や浅海面を利用した地撒式養殖（アサリ、ハマグリ）などがあります。

　ふつう、産卵、稚魚または幼生の育成、食用魚介の養成などは別々の場所で行わ

●海面養殖

れることが多く、成長は放養密度、投餌量、水温など環境条件により影響されます。養殖業は日本において最も発達しているといえるでしょう。

養殖の経済

Chapter.3でみたように、現在の漁業の漁獲高において自然界から得る捕獲漁業の漁獲高は全漁獲高のうち80％ほどであり、それを金額に直した生産高は70％になっています。つまり、漁獲高の20％、生産高の30％は養殖によって占められているのです。この傾向は今後ますます顕著になるのではないでしょうか？　つまり、漁業も自然界から奪って来る時代ではなく、人類が自分で育てて得る時代になりつつあるのです。

主な養殖

養殖魚介類の種類はたくさんあり、それぞれによって方法は異なります。主な物を見てみましょう。

❶マダイ

タイの養殖は、波の少ない地域に筏を組み、その下を網で囲って池をつくり、稚魚を放して飼育します。養殖もののタイは、浅いところで飼われているため、体色が黒くなりがちです。それを解消するため、生け簀の上に黒いシートで覆いをかけたり、赤みを出すエビを餌に配合するなどの工夫を施します。

かつての飼育では、身が柔らかい、臭みがある、脂がつきすぎているなどが問題となりましたが、現在は配合飼料や筏の大きさを改良することで、天然のタイに遜色ないものが出荷されています。

❷ハマチ

養殖法はマダイと同じように筏を利用します。出世魚であるブリは幼魚をモジャコ、40㎝前後からの成長段階をハマチ、完全に成長したものをブリと呼びます。以前はハマチでの出荷が主でしたが、現在は80㎝以上となるブリまで育てての出荷が主流になっています。

ブリは天然物と養殖物の価格が近い事も大きな特徴で、当年の漁獲量・天候状況や時期にも大きく左右されますが、養殖物の方が高い価格のタイミングもあり、どちらも消費者から固有の良さが認められ需要が安定していると言えそうです。

❸ トラフグ

トラフグの養殖には、「海面養殖」と「陸上養殖」の2種類があります。海面養殖は古くから行われていた方法で、海に囲い網やいけすを設置する方法です。主に水温の高い西日本沿岸で行われています。

一方、陸上養殖は近年増えてきている養殖方法です。水族館と同じように飼育槽の水を浄化して再度戻す閉鎖循環式と、飼育槽に海の水を給排水して飼育する掛け流し式があります。日本の陸上トラフグ養殖では、掛け流し式が主流となっています。閉鎖循環式の陸上養殖は東日本の内陸部でも行われています。

海面養殖の最大のデメリットは、赤潮や夏場の海水温度の上昇や、台風等の自然界の影響を受けてしまうことです。陸上養殖では、掛け流し方式だと自然界の影響をかなり軽減できますし、閉鎖循環式だとそれらの影響は全くありません。しかしこの場合、温度調節やろ過設備などのコスト面でのデメリットが挙げられます。

トラフグは互いに噛み合う習性があるので傷がつかないよう、歯切りを数回行う必要があります。なお、フグの毒(テトロドトキシン)はフグが自分で作るのではなく、天然の餌の中に入っている毒を体内に溜めこんだものです。そのため、毒の入っていない餌で育った養殖フグには毒が無いと言います。

●テトロドトキシン

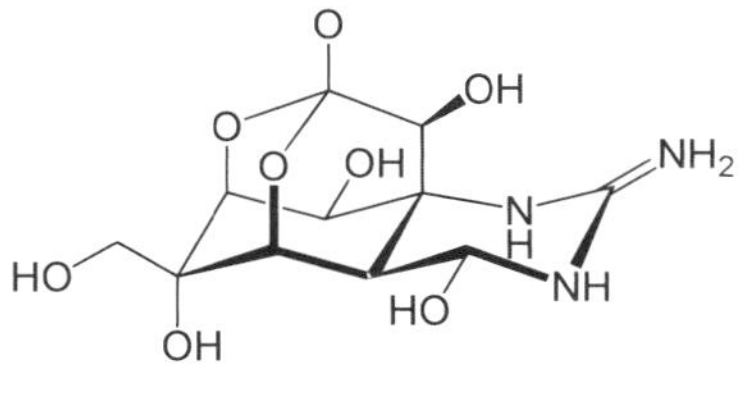

放流

養殖ではありませんが、魚介類を育ててとる方法の一つに放流があります。これは稚魚を天然環境に放流し、その後の成長は魚自身に任せるものです。現在、マダイ、ヒラメ、サケなどで広く行われています。放流の詳しいことは後にサケの放流で見ることにします。

SECTION 17

淡水魚養殖

養殖されるのは海水魚だけではありません。淡水魚の養殖も行われます。ウナギ、ニジマス、イワナなどが有名です。

淡水魚養殖一般

淡水魚の養殖は１９６０年頃から生産量が急増し、１９８６年までの数年間は約９～10万トンに達していましたが、２００８年では4万トンに減少しています。

養殖の対象魚としてはウナギ、コイ、フナ、アユ、ニジマスなどが高い割合を占めています。しかし、農薬、都市廃水、工場廃水などの流入によって、湖沼や河川の水質が悪化し、魚類が減少することも生じています。

そのため、資源を保護する目的で禁漁区や禁漁期の設定、稚仔魚《ちしぎょ》の放流・移殖、生息環境の改善など、魚の保護・増殖を推進しています。内水面漁業協同組合はアユ、コイなど漁業権魚種について増殖義務を負っていますが、その経費の一部を遊漁者《ゆうぎょしゃ》からの遊漁料を徴収することによってまかなっています。

2009年の統計によると、遊漁人口4500万人のうち700万人が内水面における遊漁者です。しかし、遊漁者のなかには、よりスポーツ性の高い釣り方を好む者も多く、その対象魚として「特定外来生物」として法律で放流が禁止されている肉食性でしかも繁殖力の強いブラックバス、ブルーギルなどを無断で放流する例があり、生態系の破壊が懸念されています。

ウナギ養殖

淡水魚の養殖で最も多く行われているのはウナギの養殖です。

❶ 養殖方法

主に1月下旬～3月上旬に海から河川に遡上してくるシラスウナギ（体長約6㎝、体重約0・2g)を採捕して種苗とし、池中で飼料を与えて200g前後の食用魚にまで育てて出荷します。最近、シラスウナギの不足から、その歩留まりを向上させるため、シラスウナギを加温設備のある循環濾過池に収容して採捕直後から餌付けを開始することが多くなりました。その後、初夏に自然水温が20～25℃になってから露地の止水池に移して飼育を続け、早いものは初秋までに食用魚に育てる方式です。

❷ 設備

加温施設は室内上屋と池があります。上屋は、鉄骨ビニール張りが一般的で

●シラスウナギの漁

す。一方、池水の加温には、3・3㎡当たり2m位の割合で池底に2～2・5インチの亜鉛管を敷き、その中をボイラーで温めた45～80℃の温水を流す間接加温方式が大部分です。

❸ 給餌

シラスウナギの餌づけは、夜間電灯をつけて、イトミミズを皿の上にのせて行います。2～3日たって餌をとるようになったら、徐々に配合飼料か魚肉を混ぜ、7～10日後には完全にこれらの飼料に切り替えます。この間給餌時間を徐々に明け方に移動させます。給餌量は、配合飼料では体重の5～8％を、鮮魚では20～30％量で、これを1日に2～3回に分けて与えます。

❹ 回収

食用サイズに達したウナギは間引いて取り揚げます。取り揚げ方法は、網差しと網引きの2通りがあります。

網差しは、餌に集まったウナギを4×4mほどの四角形の網で底からすくい上げる方法であり、網引きは地引き網を池全面にわたって引いて取り揚げる方法で、食用サイズに達したウナギのほとんどを出荷するときに行います。

❺ 出荷

取り揚げられた食用サイズのウナギは、円形ビクまたは重ねかごの中で活け締めされてから、活魚または加工して出荷されます。

活魚輸送は、ビニール袋に10kgのウナギと水と氷を入れて酸素を吹き込み、輪ゴムで封をして行われます。加工品は頭を取り、開いて白焼きの後冷凍したものや、加熱すれば蒲焼きになるよう味付け後真空パックされたものなどがあります。

SECTION 18

魚介類養殖

魚類以外の養殖の例を見てみましょう。

カキ養殖

広島におけるカキ養殖（筏式垂下法）を見てみましょう。

❶ 採苗

採苗とは、カキの幼生を海中から採取することです。夏に卵からかえったカキの幼生は約2週間の間、海の中を漂いながら過ごし、その後、海水中の固着物に付着します。この時期（7～9月）にホタテガイの貝殻を数珠状に繋いだ採苗連を海中に入れておくと、自然にカキ幼生（約0・3㎜）が付着します。

❷ 抑制

抑制とはひとことで言うと「稚貝を鍛える工程」です。そのためには潮の満ち引きを利用します。

- **潮が満ちた時には海のプランクトンを食べさせる**
- **潮が引いた時には、陽に当てて貝を開け閉めさせる**

❸ 本垂下

カキを海中に入れる工程です。採苗連からホタテガイを外して新しい針金（長さ約9ｍ）に一枚ずつ移し替えて垂下連を作ります。１つの垂下連には、約50枚のホタテガイを使います。できた垂下連

●カキ養殖（筏式垂下法）

は次々と筏に吊るしていって、1つの筏に約600本が吊るされます。

❹ 育成

カキを育てる工程です。本垂下を終えたカキは、収穫の時期まで成長を続けます。本垂下してから収穫するまでの間、カキが死なないように、有害な生物がつかないように、そして身入りが良くなるように産地によって様々な工夫をしています。

エビ養殖

エビの養殖には病気に対する注意が必要です、食べ残しのエサなどが腐敗するとそこから病気が発生し、養殖中のエビが全滅することもあります。殺菌をどうするかがエビ養殖の決め手の様です。クルマエビの養殖の例を見てみましょう。

❶ 底質改善

春頃に昨年度使用した池の水を抜き、天日干しします。池の底質を改善するため、底質改善剤とともに耕します。

❷放流

ウイルスフリーで生産された稚エビを池に放流します。放流後も稚エビの健康管理の為、一池ごとに潜水観察を欠かせません。

❸育成

業者独自の配合飼料を食べ、脱皮を繰り返しながら成長していきます。水温が下がると冬眠してしまうので、この時期に餌をしっかり与えます。

ウニ養殖

ウニは貝や魚と同じように卵で産まれます。自然界では卵や幼生の時期に、他の大きな魚などに食べられてしまうため、わずかしか育ちません。そこで人間が手をかし直径2㎝位の大きさになるまで水槽で飼育した上、エサになる海藻がたくさん生えている海にはなします。

ウニは、本来は水温が下がるとエサの昆布を食べない時期があります。しかし、水温が高くなると活性がおさまらず、昆布の芽を食べてしまい、昆布が育たない、磯焼《いそや》け状態になってしまいます。

そのため、海中から取り出したウニをカゴに入れエサを与えて養殖します。エサは廃棄するキャベツやトマト、クローバーなどを与えますが、餌によって味に変化が出てくるので注意が必要です。

スッポン養殖

スッポンは、水温が15℃以下になる11

●ウニ

月頃に、砂泥中にもぐって冬眠に入り、4月頃、再び水温が15℃位になると冬眠から覚めます。そして、水温上昇期(5月上旬~9月中旬)の水温が25℃~30℃位になると、本格的にエサを食べて成長するようになります。

このように、スッポンは、本来の生態では、実際にエサを食べて成長する活動期間は、約5カ月と非常に短いために、露地養殖の場合には、商品として出荷できるサイズに成長するまでに、通常、3~4年という長期にわたる成育期間が必要です。

加温養殖の場合は、強制的に水温を上昇させ、スッポンを冬眠させることなく周年で給餌を行い、短期間での成育を行います。加温養殖のほうが、短期間で成育できるので、リスクも少なく、効率の面ではメリットがあります。しかし、促成飼育である為、肉質は露地養殖のスッポンと違ってきます。ニワトリにおける地鶏とブロイラーの違いを思い出して頂ければ判りやすいかと思います。

SECTION 19

水棲植物養殖

海苔、ワカメ、昆布などの水生植物の養殖も盛んに行われています。

海苔養殖

海苔養殖は日本の伝統技術と言っても良いほどのものです。

❶ 糸状体培養

海苔の養殖が終わる春ごろ、海苔の葉体は成熟し、オス・メスのある有性胞子が放出されます。この胞がくっついて果胞子となり、夏のあいだ、糸状の糸状体になってカキ殻にもぐりこんで夏を過ごします。

❷採苗

海苔網に海苔のタネをつけることを採苗といいます。海水温が下がると、成長した糸状体は分裂して殻胞子を放出します。この殻胞子が海苔のタネになります。

❸育苗

海苔のタネを育てる期間を「育苗」といいます。この時期は、台風がきたり、水温が急に上がったりして、海苔が病気になりやすいです。

海苔を育てる方法は2つあります。ひとつは、支柱を立てて、その棒に海苔網をしばって海苔を育てる「支柱式」。もうひとつは、海苔網のまわりに浮きをつけて、海底にいかりで固定し、網を海面に浮かせる「浮き流し」です。

❹収穫

海苔を収穫する季節は冬です。海苔の芽は、約2週間で20㎝に伸びます。このくらいの大きさになると、収穫が始まります。海苔を摘み取る摘採機という機械を積んだ船が海苔網の下にもぐりこんで海苔を収穫します。

❺ 板海苔作成

収穫した生海苔は、ミンチ状に細かく切った後、真水で洗い、機械で抄き・脱水・乾燥・剥ぎという一連の工程を行って板海苔として出荷します。

昆布養殖

昆布は2年かかって一人前の「成昆布」となります。

❶ 遊走子《ゆうそうし》

昆布の表面にある「子のう斑」と呼ばれる袋の中で「遊走子」と呼ばれる昆布の子供が育まれます。遊走子は秋から翌年の1月にかけて袋から海中に飛び出します。大きさはわずか8ミクロンです。遊走子は雄雌に分かれて、「雄性配偶体」と「雌性配偶体」となります。「雌性配偶体」は岩に付着して卵を持ちます。「雄性配偶体」精子を作ります。

❷ 芽胞体から造胞体

岩に付いている「雌性配偶体」が作り出す卵と海中を泳いでいる「雄性配偶体」の作り出す精子が受精し「芽胞体」となります。春になると芽胞体が大きくなり「造胞体」と呼ばれる小さい昆布となります。

❸ 一年目葉体(水昆布)

造胞体は晩春から夏にかけて急激に大きくなり、長さだけは大人の昆布並に成長します。しかし身が薄く、味も劣るので、水昆布と呼ばれ、商品にはなりません

❹ 二年目葉体(成昆布)

一年目葉体は秋口まで成長を続けますが、やがて葉が枯れ始め、根元を残して流されてしまいます。岩の上に残った根元から、再び成長を始め、春から夏までに急激に大きくなり成昆布になり、採集されて乾燥された後、商品として出荷されます。

ワカメ養殖

昆布と違ってワカメは1年で商品となります。

❶ 採苗

ワカメはメカブ(成実葉)が発達し、そこから遊走子を出します。そこでメカブを水槽に入れて遊走子を放出させた後、その水槽に種糸を入れて採苗します。

❷ 養殖

11月頃、種糸を3~5㎝に切り、約50~80㎝間隔でロープ(幹なわ)にさし込みんで、海面に張ります。ワカメは1つの種糸から数十本伸びてきます。

❸ 収穫・出荷

成長したワカメを2月~4月にかけて収穫します。収穫したワカメは、湯に通した後、塩を入れ塩ワカメにしたり、乾燥させて干しワカメにして出荷します。養殖期間は11月~5月となります。

SECTION 20

真珠養殖

昔、真珠はアコヤガイ等の天然貝が事故によって体内に入った異物のショックを和らげるためにタンパク質を主体とした体組織によって異物を包み込むことによって生じたもので、そのため、貴重で高価でした。また、形はイビツなバロック真珠と言われるものがほとんどで、真円の真珠は神秘に近いほど稀有で貴重でした。

その真円の真珠を作り出したのが真珠王と言われた御木本幸吉でした。真珠の取引では重さの単位として日本の伝統的重量単位である匁(もんめ、3・75g)で行っています。宝石の重量単位であるカラットではないのです。

海水真珠の養殖

真珠には海水産の貝で育てた普通の真珠と淡水産の貝で育てた淡水真珠がありま

す。海水産の真珠の養殖を見てみましょう。

❶ 母貝の養殖

４月頃、人工採苗された強化アコヤガイ（１㎜程度）を仕入れます。その後、念入りに掃除とカゴの入れ替えを行い、病気になるのを防いで育てます。すると2年後の４月には真珠養殖に利用できる母貝となります。

❷ 貝掃除

アコヤガイは海に吊って置くと、カキ・フジツボ等の付着物が着き、貝が栄養分であるプランクトンを食べられず、弱体化します。ただ、頻繁に掃除しても、貝に負担をかけることになるので、慎重に作業しなければなりません。また、アコヤガイを濃塩水に漬ける塩水処理や真水に漬ける水処理も行います。

❸ 避寒作業

アコヤガイは水温が10℃以下になると死亡するため、秋に暖かい漁場（九州など）へ移動させて春を待ちます。

❹母貝仕立て

挿核用の母貝は、挿核手術によるショック症状を避けるための「抑制（卵止め）」と「卵抜き」の仕立てを行います。「抑制（卵止め）」とは母貝を秋からカゴに窮屈な状態で育成して、春の挿核まで活動を抑え卵を成熟させない方法です。「卵抜き」とは母貝に刺激を与えて放卵させる方法で、5～7月に挿核する母貝に用います。

❺貝立てと栓さし

挿核手術の準備として、仕立てが終わった母貝の貝殻を開けたままにしておくために、くさび形の栓をさす作業「栓さし」を行います。

このとき、貝口器で無理に貝殻を開けると貝殻が割れたり貝柱が切れたりするので、栓さし前に「貝立て」をします。

「貝立て」は貝立て箱に貝をぎっしりとつめて立て、長時間貝を苦しめた状態で海中に吊るし、その後海水で満たした水槽内に開放します。すると、貝は大きく口をあけるのでこの時、貝口器を入れくさび形の栓をさします。

❻ ピース・真珠核作成

真珠は生殖巣の真珠袋の中で生まれます。アコヤガイの外套膜は真珠質を分泌する機能があります。この外套膜の小片をピースと呼びます。

養殖真珠の中心になる真珠核は、主にミシシッピー川水系に生息しているカワボタンガイという淡水産二枚貝の貝殻を原料にして、真円に加工します。

●真珠の養殖

❼ 挿核施術

「核入れ」とも言いますが、アコヤガイの生殖巣まで先導メス・ピース針・核挿入器を使用してピースと真珠核を挿入して、真珠袋を形成させる手術をします。

❽ 養生

挿核手術を行ったアコヤガイの手術後の体力を徐々に回復させるために、養生カゴに入れて安静状態にします。

❾ 沖出し

養生期間が済んで回復したアコヤガイは、沖合の真珠いかだのネットに入れて吊るします。この状態で7カ月から1年6カ月の間、海の水温・酸素量・比重・プランクトン量などの漁場の変化に気をつけて、巻きの良い真珠を作るため貝掃除を繰り返し行います。

❿ 浜上げ

真珠の「テリ」「色」「巻き」の出来具合を調べるため10個程度の試験むきを行い、その結果により真珠の採取時期(収穫時期)を決定します。これらの真珠の収穫を浜揚げと言います。主に12月と1月に行います。

真珠養殖地

養殖真珠の発祥地が三重県であったことから、養殖真珠の生産地は三重県と思いがちですが、近年は変わっています、2016年の国内での真珠総生産量は19・8トンでしたが、県ごとの1位は愛媛県7・6トン、長崎県7・1トンで、三重県は第3位で4・2トンでした。

最近は海の汚れ、あるいは母貝の弱体化などで大量死が起こるなどの問題も起きているようです。

淡水真珠養殖

淡水産真珠はイケチョウガイやヒレイケチョウガイと言う淡水産の母貝を用いて行われます。方法は海水産の真珠と似ていますが、淡水真珠の場合には核を用いない無核真珠を作ることが可能と言う利点があります。

当初の無核淡水真珠は小粒で形も不揃いでしたが、最近は技術進歩して直径10㎜程度の真円真珠もできるようになりました。さらに淡水真珠は1個の母貝で10個以上、多い場合には数十個の真珠を同時に作ることもできます。このようなことで淡水真珠はコストパフォーマンスが高く、カジュアルな装いに向くと言われています。その一方で商業的な利潤が低いため、日本では撤退する企業も出ているようです。

●淡水真珠

Chapter.5
流通漁業

SECTION 21

冷凍技術

漁業について回る宿命の一つは、漁獲品が傷みやすく、腐敗しやすいということです。多くの場合、漁獲品を獲得するのは陸地から遠く離れた海上であり、それが陸地に届けられる（水揚げ）場所は沿岸の港であり、消費者の棲む消費地から遠く離れています。

このように漁業ではその産物を消費者に届けるためには長距離の輸送を必要とします。長距離輸送と言うことは長時間貯蔵と同じことです。腐敗しやすい漁獲品を長時間保存するためには低温で保存するか、防腐加工をする以外ありません。

防腐加工は次章で見ることにして、ここでは低温保存について見ることにしましょう。

冷凍

昔は低温貯蔵と言えば氷漬けであり、そのために冬期間に積もった雪を保存する氷室が各地に設けられていたものです。しかし最近は低温貯蔵と言えば冷蔵庫、さらには冷凍庫となりました。

冷凍庫で冷凍した冷凍食品の市場規模は、近年著しく発展し、この20年で倍にもなりつつあります。この発展に最も貢献しているものが冷凍技術の進歩であると言っても良いでしょう。

冷凍とは、食品をマイナス18℃以下に保つことを指します。冷凍食品は冷凍温度に保たれている間は腐敗することなく、貯蔵されます。問題は解凍する時です。冷凍食品は溶けるにつれて食品内部の水分がドリップとして漏洩しますが、その中に食品の旨みが溶け込んでいます。

つまり、冷凍食品は解凍する時に内部の栄養素を放出し、同時に旨みはもとより、歯触り、舌触りまで悪化させているのです。

急速冷凍

このドリップの原因は何でしょう？　それは冷凍によって食品の内部にできた氷の結晶です。

　食品の細胞の中に成長した氷の結晶は細胞膜を破って成長します。このような食品を解凍すると、細胞膜に突き刺さっていた氷が融け、その穴から細胞内の液体が漏洩しま

●急速凍結と緩慢凍結の比較

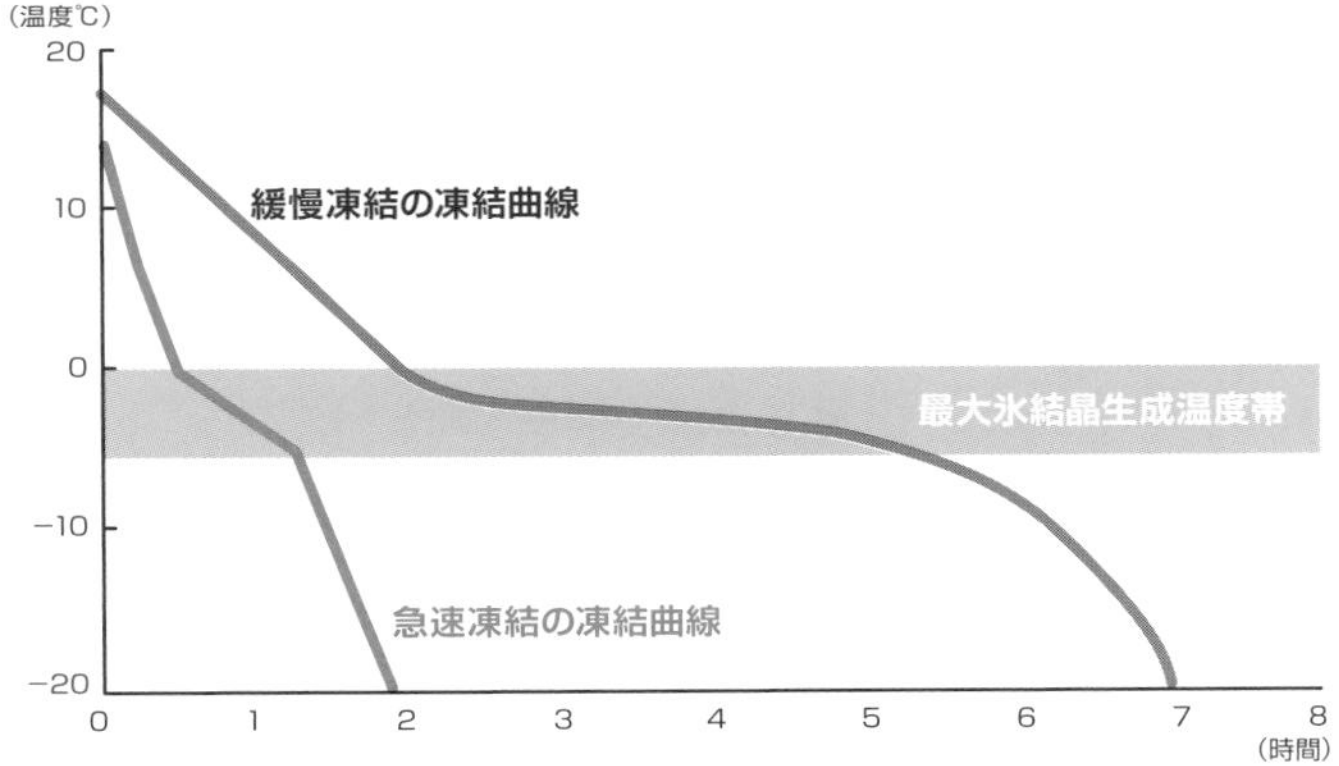

❶ 冷凍前の細胞

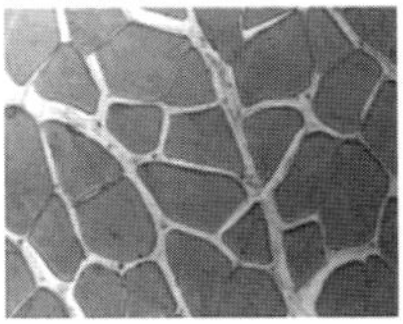

正常な組織。

❷ 急速凍結した細胞

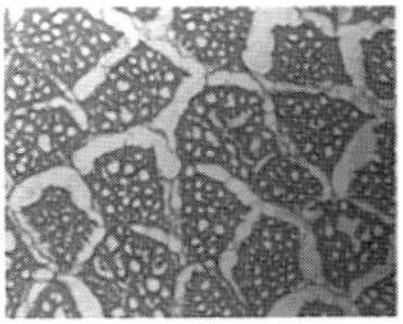

凍結すると組織内に小さな氷の結晶が発生し、組織の損なわれ方が少ない。

❸ 緩慢凍結した細胞

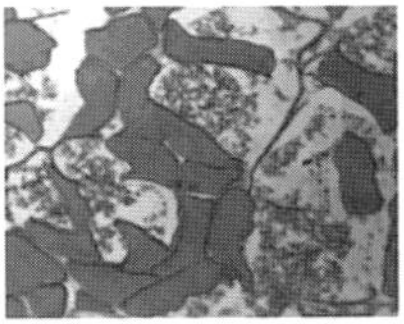

氷の結晶が大きいため、組織が損なわれている。

※一般社団法人日本冷凍食品協会より

す。それがドリップなのです。

つまり、ドリップを作らないためには、氷の結晶を小さくすれば良いのです。それを可能にする冷凍技術が急速冷凍と言われる技術なのです。

細胞内の氷が成長する温度は「最大氷結晶生成温度帯」と呼ばれるマイナス1℃〜マイナス5℃の温度帯です。通常の冷凍（緩慢凍結）だと、この温度帯をゆっくり通過することになるため、氷結晶が大きくなってしまい、細胞膜を破ってしまいます。従って、氷の結晶を成長させないためには、この温度帯を速やかに通過させれば良いのです。それが急速冷凍と言われる技術です。

急速冷凍にはいくつかの方式がありますが、1つはマイナス30℃〜マイナス40℃近くの強い冷風を利用し、短い時間で一気に凍結するものです。

急速冷凍のメリット

急速冷凍にはドリップが出ないことの他にもメリットがあります。

❶ 長期間冷凍

従来の冷凍技術だと数カ月が消費期限の限界で、鮮度が徐々に低下していきます。しかし、急速冷凍の技術を使えば、数年から数十年レベルでの長期保存ができ、鮮度も生と変わらない状態をキープできます。

この技術はすでに国内でも広く使われており、この技術で冷凍させた食品は日常的に消費者の食生活に浸透しているのです。

❷ 素材の味や作りたての味を守ることができる

急速凍結することによって、食材の細胞が破壊されにくいため、素材の味を守ることができます。また、揚げ物なども急速凍結することによって、サクサク・カリッとした食感と味を解凍後も再現できます。

❸ 添加物が不要

細胞を破壊せずに凍結できるため、元の食品の色の劣化や形の崩れを防ぐことができます。そのため、着色料や安定剤、防腐剤などの添加物が不要となります。添加物を使わずに、食品の質を維持できるので、安全性が増すことにもなります。

❹ 均一な品質を維持できる

緩慢冷凍では、冷凍庫内の冷気の当たりやすさによって凍結時間に差が出てしまい、品質にムラが出ることがあります。しかし、急速凍結に特化した機械は、まんべんなく凍結できる仕様のものが多いため、凍結ムラが少なく、おいしく冷凍することができます。

SECTION 22

船上保管

海上で漁獲した魚は船によって港に運ばれます。養殖や沿岸漁業で獲った魚ならば、数時間、多くはその日のうちに港に水揚げされます。その後セリに掛けられて市場に出荷されます。

しかし、沖合漁業の場合には長ければ2カ月程度、遠洋漁業の場合には1年以上も船内に保管しなければならなくなります。

活魚倉

養殖や沿岸漁業の場合、漁獲された魚は鮮度が命です。言うまでも無く、最も新鮮な魚は生きたまま届けられたものです。最近は生きた魚、活魚の需要が増えたため、運搬手段として、魚を生きて泳いでいるまま入れる活魚倉《かつぎょそう》を持ち、養殖場や中継基地から活魚を運ぶ活魚運搬船が増えました。

魚倉

日本の近海、沿岸などで捕った魚は多くの場合、魚倉という氷の入った船の倉庫にいったん保存されます。たとえば、サンマなどは、砕氷と海水を入れた魚倉に入れて港まで運びます。

消費地に届ける場合にはトラックにタモですくって積み込み、一緒に氷と水を入れて、トラックごとに取引されます。落札されたサンマは選別機でサイズ分けされ、スチール箱に砕氷とともに詰めて出荷されます。

急速冷凍庫

遠洋漁業の場合は、氷などで日本の港までの鮮度を維持することはできません。急速冷凍により魚を凍らせて運びます。例えばマグロの場合は、漁獲すると船上ですぐに前処理として、尻尾、エラ、内臓等を取り、血抜きし、マイナス65℃で急速冷凍(35時間)した後、マイナス60℃で冷凍倉庫に保管されます。

冷凍マグロの取引は、一船買いが主流で、一船全部のマグロを買い取ります。入札の場合は、選別台で重さを確認し仕分けされた後、冷凍のまま取引されます。

●冷凍マグロ

SECTION 23

冷凍保管倉庫

港に水揚げされた漁獲は直ちに消費地に運ばれるとは限りません。需給関係あるいは価格関係によっては、売り手に有利な市場になるまで一時保管することもあります。その様な時に利用されるのが冷蔵、冷凍、高速冷凍設備を配備した倉庫です。

コールドチェーン

低温倉庫とは、野菜、肉、魚介類などの生鮮食品のような、低温・冷蔵・冷凍での保管が必要な物を保管する倉庫のことを言います。現代生活にとって必須のコールドチェーン（商品を低温で物流することで鮮度を維持する方法）にとって重要な役割を果たします。

農産物や水産物のように、生産に季節の制限があって長期間鮮度を保つことが出来ない商品は価格の変動が激しくなります。しかし低温倉庫の発達と普及のおかげで価格が安定し、消費者に安定して商品を届けることができるようになりました。

温度設定

腐敗の原因となる細菌は10℃以下の環境下では増殖が遅くなり、マイナス15℃以下ではほとんど繁殖できなくなります。そのため、冷蔵庫は0〜10℃、冷凍庫はマイナス18℃以下に設定されています。

ただし、マグロについては冷凍する温度によって変色してしまうまでの期間が大きく変わり、マイナス60℃くらいで凍結保管するのが最も良いため超低温で保管されます。

倉庫の庫内温度は、常温・冷蔵・冷凍の区分で分けられ、これらを総称して3温度帯と呼び、商品の特性に合わせてさらに細かい区分で分けられます。

SECTION 24

陸上運搬

港に水揚げされた漁獲品はトラックなどによる陸上輸送によって消費地に届けられます。輸送の方法にはいろいろあります。

冷凍運搬

生鮮食料品などの冷蔵品や、冷凍食品などの冷凍品を運ぶのには、「温度管理車」が利用されます。温度管理車は、温度を一定に保持して荷物を運搬できます。

温度管理車は、荷室内の温度管理状況によって、「保冷車」「冷蔵車」「冷凍車」に分類されます。

❶ 保冷車

保冷車とは、荷室全面に断熱材を施し、外気を遮断して荷物の温度を保つことができる車両をいいます。いわば、クーラーボックス付きのトラックです。必要に応じて、ドライアイスや氷などを使用し、積荷の温度の上昇を抑えることも可能です。

定温管理は難しいですが、許容温度範囲の広い食品のほか、配送時間や配送距離が短くて済む生鮮食料品などの運搬に利用されます。

❷冷蔵車

冷蔵車とは、断熱材に加えて、冷蔵装置を搭載した車両をいいます。外部からの熱の侵入を抑えて、荷室内の温度を0℃までコントロールできます。

鮮度を保ったまま運ぶ必要のある、鮮魚、生肉、野菜などの生鮮食料品の運搬に適しています。

●保冷車、冷蔵車、冷凍車の違い

車の種類	保冷車	冷蔵車	冷凍車
荷室の構造	断熱材	断熱材＋冷蔵装置	断熱材＋冷凍装置
温度管理	できない	0℃まで可能	−15℃まで可能
温度の範囲	常温	中温 (5℃〜−5℃)	低温 (−5℃〜−18℃)

❸ 冷凍車

冷凍車は、断熱材に加えて、冷凍装置を備えています。荷室内の温度は、マイナス15℃まで制御でき、冷蔵車よりも低い温度管理が可能です。堅く凍らせて運ぶ必要のある冷凍食品などの運搬に利用されます。

なお、さらに低い温度管理が可能な超低温冷凍車もあり、アイスクリームや冷凍マグロなどの輸配送に対応しています。

活け締め運搬

魚を殺して運送する方法です。殺すと言っても水から上げて窒息死させるわけではありません。「活け締め」と言われる独特の方法で殺すのです。

魚を活け締めにすることを魚を「〆《しめ》る」と言います。〆るのは簡単に言えば鮮度を保つためです。鮮度を保つというのは、「身が生きている状態」を長持ちさせることです。

魚は死んだあと、数十分から数時間くらいで死後硬直が始まります。その次は「身に旨味が回ってくる段階」になります。このステージが肉で言うところの「熟成期」に相当します。そして最後に「腐っていく段階」に入り、このステージの最後になってくると腐敗します。

魚をメて即死させると、この「死後硬直に入るまで」のステージを「極端に長くできる」のです。つまり死後硬直を先延ばしできるのです。

活け締めは、魚のエラ蓋から包丁を入れて中骨を一気に断ち切ります。これによって魚も即死します。次に尻尾の付け根を中骨を断ち切るまで切ります。ここを切ると血抜きが上手くいきます

この後放血させます。完全に抜かないと身に血がまわり、使い物にならなくなる場合があります。ボール等に放水しながらその中で放血するとよいでしょう。水に血の色が混ざらなくなるのが仕上がりの目安です。タイやヒラメなどの高級魚はこのように生き締めしてから運搬することが多いです。

航空輸送

急ぐ商品や高級魚は航空便で運ばれることもあります。貴重な天然マグロや養殖マ

グロを冷凍しないで生マグロとして出荷する場合には、水揚げ後、血抜きし、エラや内臓を取った後、氷と一緒に段ボール箱に詰めて、空輸します。

飛行機を利用すると運ぶ時間は短縮でき、鮮度が維持できる利点があるものの、航空運賃が高くなるため、高く売れるマグロでなければ採算がとれません。また、この航空運賃は日本からの距離だけで決まるわけではなく、マグロを積む空港から日本へ飛ぶ飛行機の便数によっても左右されます。

日本人が多く行く観光地であれば、仮に遠くても、飛行機の便も多いので、その貨物室にたくさんのマグロを積み込み、安い運賃で運ぶことができます。

逆に、いくらマグロが豊富に取れる地域でも、日本への飛行機の便数が少ない場合は、これと逆のことが起きるため、日本に安くマグロを運ぶことができません。つまり、日本人の移動と生マグロの輸入は、実は密接に関係しているのです。

マグロをはじめ、輸入される多くの海産物が降り立つ成田空港や関西空港は、空の「漁港」とも言えます。

SECTION 25

活魚輸送

冷凍技術は発達しましたし、魚は活け締めにしたのが旨いと言う人もいますが、やはり生きた魚の需要は廃れません。消費者のその様な好みを反映して、魚を生きたまま輸送する技術も発達しています。

生簀《いけす》輸送

もっとも原始的な方法とも言えるでしょう。トラックのコンテナに水を張り、酸素を供給するため空気をバブルさせた水槽に魚を入れて運ぶのです。魚の何倍もの重量の「水」を同時に運ぶわけですから、輸送コストは高くなりますが、食べたい人が利用すれば良いということです。

これの簡易版としてビニール袋に水と魚を入れ、袋の体積の半分ほどの酸素を入れて運ぶ方法もあります。

二酸化炭素麻酔

二酸化炭素を海水に溶け込ませると、一時的に魚に麻酔がかけられることは昔から知られていましたが、問題はそのままでは数十分後には魚は死んでしまうと言うことでした。

しかし最近、この麻酔状態の魚を長時間生かし続ける技術が開発されました。それは、麻酔をかけた人間に酸素マスクを装着するように、水中に棲む魚にも通常の海水(溶存酸素100%)の数倍程度の酸素を与えれば酸欠が回避されて死なないのではないかというアイデアに基づく技術でした。

つまり、直径が数十マイクロメートル以下の「微細気泡」を海水中に送り込むことによって、魚が長時間生存できるのに充分な酸素を、えらに接触した微細気泡から送り込むことができることが発見されたのです。輸送後、魚を通常の水槽に戻すと麻酔状態から覚醒し、元気に泳ぎ出します。

この技術を応用すれば、魚を麻酔状態のまま長時間輸送することが可能になるだけではありません。麻酔をかけて魚を眠らせておくことで、輸送中に魚が動き回って、水槽の中で衝突して負う傷も格段に減る上、新陳代謝も一次的に弱まっているので、海水温の上昇も抑えられます。

このようなことで従来の活魚車が容量の10％未満の活魚しか運べなかったところ、容量の30％の活魚が輸送可能になるといいます

タイの針麻酔

魚に鍼灸《しんきゅう》療法の針を刺して麻酔状態にして運ぶ方法です。活魚の脊髄の機能に損傷を与えることで運動機能を抑制するのです。脊髄そのものを損傷させると短時間で死に至るため、鰓蓋または、側線を目標にして針を打つのが特徴です。魚の種類によって的確な位置が異なるそうです。

魚を眠らせてあるので、運搬にも生簀や水槽は不要で、アイスボックスのような小型のものでも運搬できると言います。水温は生きている魚の生存可能下限温度よりも

低くすると成果が良いそうです。

ハモの活魚輸送

ハモは、どう猛な反面、神経質な性格も持ち合わせる魚です。砂泥質の海底の巣穴に生息し、特に冬期はこの穴に入って動きません。このようにハモが巣穴を好む性質を利用してハモの品質管理技術が開発されました。

つまり活ハモ輸送の活魚槽に細長いパイプを入れるのです。するとパイプに入ったハモはストレスが低減され活力が高まるというのです。この方法は、実際に操業や流通の現場で採用され、元気で上質なハモを食卓に届けるために一役かっています。

イカの活魚輸送

活イカ輸送での斃死を防止するにはいくつかの問題があります。それは水温の保持、イカが排泄するアンモニアと有害有機物の除去、イカが消費する酸素の補給です。また、イカは環境変化に敏感に反応し、ストレスを受けて斃死したり、噛み合って死ぬこともあるため、その対策も必要です。この様な問題を解決する方法が提案されています。

輸送中の海水温度を適当な水温に保持しつつ、イカが排泄するアンモニアは海水浄化装置で分解除去し、有害有機物は泡沫分離装置で除去する物です。消費された酸素は、水槽中の循環ライン中に酸素を吹き込んで補給します。

イカの斃死や噛み合い防止の手段は、個別収容可能な容器にイカを収容することで解決します。この容器は、1つの容器に1匹もしくはそれ以上のイカを収容できるように、収容区画サイズを変更する仕切り板を設置します。この容器内には、海水が万遍なく流れ、且つ、容器自体が積層可能な構造という工夫がされたものです。

Chapter.6
加工漁業

SECTION 26

腐敗防止

魚介類の一番の弱点は腐敗しやすいということです。前章で見た運搬でも最も気を使うのは腐敗させないということでした。そのために、高速運搬、低温運搬が一般化されたのです。腐敗とは何でしょう？

腐敗と中毒

腐敗とは、食物がいわゆるバイキンに侵されて有害な物質に変化することです。一般に言うバイキンには実は2種類があり、1種類は細菌であり微生物ですが、もう1種類はウイルスです。しかし生物学的にはウイルスは生物ではなく、物体です。限りなく生物に近い物体とでも言えば良いでしょうか。

生物でないウイルスは宿主である生物を離れて増殖することはできません。つまり、生物でない「食品」あるいは「死んだ魚介類」の中では増殖できません。したがって食品や魚介類を腐敗させることもできないのです。

食物が「微生物」によって他の物質に変化する現象は他にもあります。発酵です。発酵の例は味噌、醤油作りなど、あるいはイカの塩辛など、例はいくらでもあります。しかしこれらは発酵と呼ばれ、腐敗とは言われません。

発酵と腐敗の違いは人間の都合です。人間にとって有用なものを発酵、有害なものを腐敗と言います。それでは最近よく言う「熟成肉」等の熟成は何なのでしょう?

熟成は細菌の働きによるものではありません。肉の中にもともとある酵素によってタンパク質が分解して、旨みの素であるアミノ酸に変化することを言います。

バイキンとは

腐敗した食品を食べると食中毒になります。それは食品中でバイキンが繁殖して食品を有害な物質に変化させたり、バイキンが有毒な物質を分泌するからです。それではバイキンとはなんでしょう。

食中毒を起こす細菌、いわゆるバイキンには3種類があります。それは、①細菌自体が中毒の原因になるもの(感染型)と、細菌が出す毒素が原因になるもの(毒素型)です。しかも毒素型には更に2種類があります。それは、②細菌が食品中で繁殖して毒素を出すものと、③人間の体内に入ってから毒素を出すもの(生体内毒素型)です。

一方、ウイルスにはノロウイルスとB型肝炎ウイルス、E型肝炎ウイルスなどがありますが、細菌のウイルス性食中毒の90%はノロウイルスによるものです。

主なものを見てみましょう。なお、ボツリヌス菌とウイルスは次節で見ることにします。

❶サルモネラ菌

動物の腸内を始め、下水、河川等自然界の至る所に存在します。人間の腸内で増殖すると食中毒症状を起こします。鶏卵に付着していることがあるので注意が必要です。

❷腸炎ビブリオ菌

別名海洋細菌と呼ばれる通り、海水中に多い細菌です。そのため、魚介類、とくに刺身の食中毒の原因になります。サルモネラ菌と並んで食中毒の例が多い細菌です。

❸カンピロバクター

牛、豚、鶏などの腸管に生息する細菌です。熱、乾燥には弱いですが、10℃以下では長期間生存します。冷蔵庫内といえど、生肉と他の食品の接触は避けるべきです。

❹ブドウ球菌

人間の皮膚、粘膜、傷口などに普通に存在します。食品に付着して増殖を始めるとエンテロトキシンという毒素を生産します。この毒素は丈夫であり、100℃30分の加熱でも毒性は失われません。予防

●サルモネラ菌

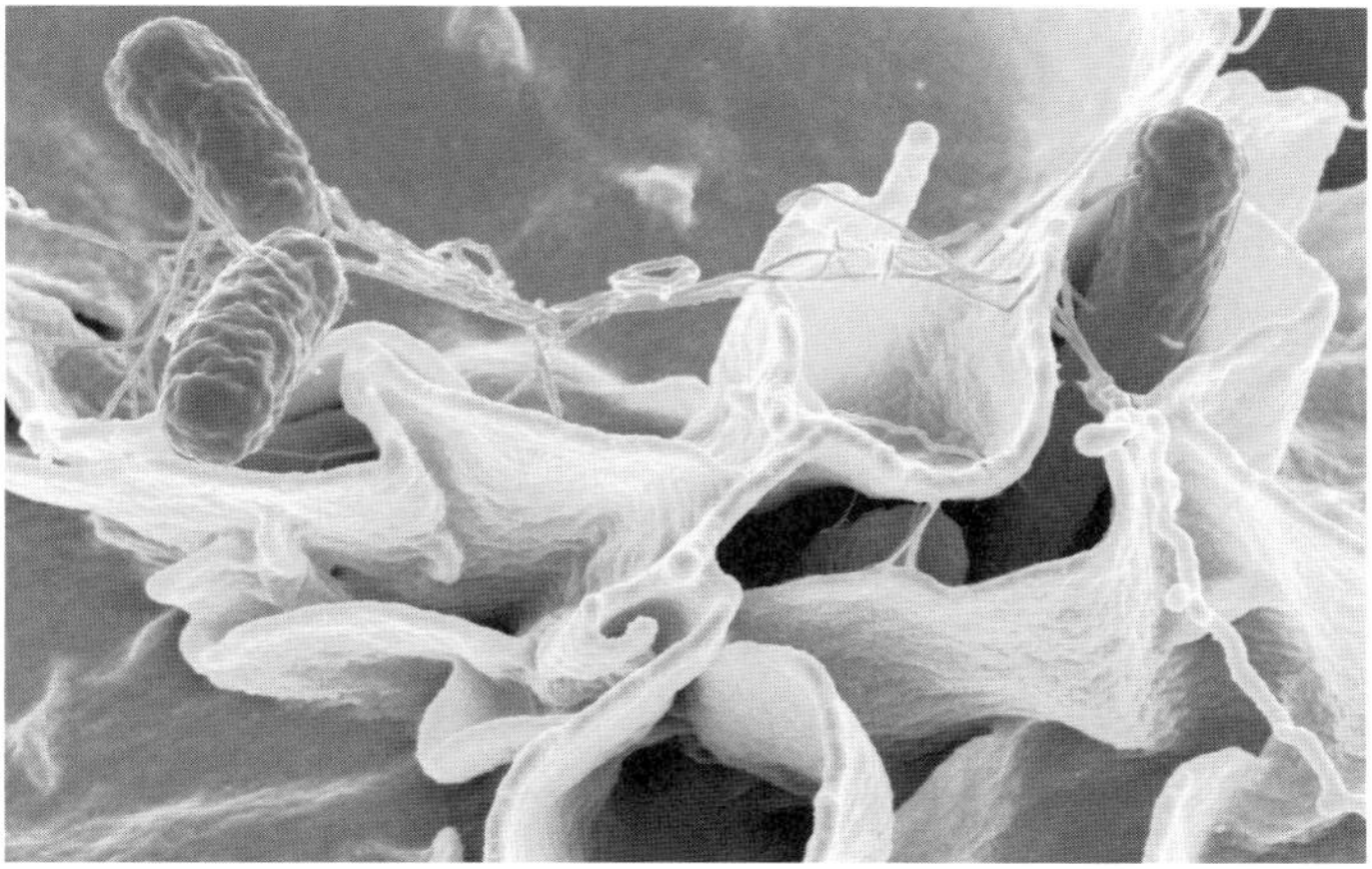

には感染を避けるしかありません。

❺ 病原大腸菌

大腸菌は人間の腸管にも生息するありふれた細菌ですが、ある種の大腸菌は人間の体内で毒素を生産し、中毒症状を起こします。O-157が有名です。

バイキンと食中毒

食品を室内に長時間放置すると腐敗が起こります。腐敗は、食品中の有機物がバイキンの作用によって変質する現象をいいます。バイキンにいろいろの種類があるように、腐敗を起こすバイキンの作用の仕方にもいろいろあります。

❶ バイキン自体が害

わかりやすいのは、バイキン自体が有害な場合です。腐敗に関与するバイキンは自分の体内で酵素を作り、その酵素によって食品を腐敗させます。感染型細菌がこの種類になります。

このようなバイキンによる腐敗を防止するにはバイキンを殺す、すなわち殺菌剤などで処置すれば良いことになります。しかし、問題なのはバイキンが酵素を体外、すなわち、食品中に放出してしまった場合です。この場合には殺菌をしても後の祭りです。殺菌剤でバイキンを殺すことはできても、酵素は生き物ではないので殺菌剤の影響を受けません。

しかし酵素はタンパク質です。タンパク質は加熱によって変性し、機能を失います。したがって殺菌剤による処理ではなく、加熱処理を行えば良いことになります。

❷バイキンが出す毒素が害

毒素型のバイキンは毒素を出します。この毒素が食品を腐敗させたり、多くの場合には毒素そのものが人間に害を与えたりします。

細菌が出す毒はタンパク質の一種ですから、加熱すれば変性して無毒になります。しかし、これはあくまでも充分に加熱した場合です。料理で使う熱は決して高くはありません。危ないと思った食品には手を出さないことです。

❸体内に入ってから毒素を出す

人間の体内、すなわち消化管に入ってから毒素を出すバイキンです。このようなバイキンの出した毒素を分解するのは困難です。予防は、このようなバイキンが体内に入らないようにすることです。つまり、感染型細菌に対する防御策と同じことになります。

ウイルスによる害

冬季に起こる食中毒の90%はウイルス、それもノロウイルスによるものと言われます。ノロウイルスは人間や牛の腸の中で増殖します。ノロウイルスは糞便に混じって排出されると、それが手に着くとか、あるいは飛沫が空中を飛散するとかして他人に感染します。

また、糞便が海水に排出されると、二枚貝の中に入ります。ここで増殖することはありませんが、貝によって濃縮され、それを食べた人間の体内に入って増殖します。

SECTION 27

漬物・干物

魚介類を腐敗から守るために人類は知恵を絞ってきました。海で囲まれた日本人は魚介類を愛し、各種の保存法を考え出してきました。

塩漬け

冷蔵庫の無い時代に魚介類を保存する手段で簡単で有効なのは魚介類を塩や調味料に漬けることでした。魚介類に限らず、ほとんどの食材が塩漬けの対象になりました。塩漬けにすると浸透圧の関係で細胞内の水分が外に出て、細胞内は水分不足の状態になります。これは食物の細胞だけではありません。細菌も同様です。このようなことから、塩漬けは殺菌になり、保存の条件が整うことになります。

また、塩蔵によって毒性物質が分解変質して無毒になることもあります。能登半島で作るトラフグの卵巣の糠漬けは典型的な例です。また、ある種の毒キノコも塩漬けにすることによって食べられるようになるようです。

醤油漬け、味噌漬け、糠漬けなどの防腐作用も塩蔵の一種とみることができます。

塩蔵に耐える細菌

しかし、このような条件でも活躍できる細菌がいます。それが乳酸菌やボツリヌス菌です。

乳酸菌は食物に独特の旨みと風味を漬けるので、滋賀県の鮒ずし、東北地方の魚の飯鮨《いずし》、あるいは伊豆諸島のクサヤの干物に無くてはならない細菌です。

それに対してボツリヌス菌は最高に危険です。ボツリヌス菌は酸素を嫌う嫌気菌なので、漬物の樽底など、空気に触れないところで増殖します。しかも腐敗菌と違って食物を腐敗させるわけでは無いので、匂いも味も正常の食物と変わりません。

調味料漬け

醤油やみそなどの調味料に漬けるのも有効です。

❶ 酢漬け

酢酸などの酸には殺菌作用があります。この効果を利用したのが、ニシンの酢漬けなどです。弁当に梅干しを入れると中毒しない、などと言われるのもウメボシに含まれるクエン酸の殺菌作用によるものです。

❷ 酒漬け

アルコール(エタノール)にも殺菌作用があります。魚の粕漬けのように、酒かすと塩を使った漬物は塩とアルコールによる殺菌作用が相乗していると見ることができます。

❸ 油漬け

オイルサーディンのように、油で漬けた保存食もあります。油漬けは食品が外気に触れることを妨げますから、食品の酸化による品質劣化を避けることはできるでしょう。しかし、油に殺菌作用はありません。したがって、油漬けにして保存しようと言う場合には、あらかじめ食品をよく殺菌して無菌の状態にしておかなければなりません。

干物

生物の生存のためには水分が必要です。したがって食品から水分を除く、すなわち、乾燥したらバイキンは生存できないはずです。そのために先人が開発したのが干物です。これは太陽熱によって脱水して殺菌し、更に太陽光の紫外線によって殺菌したのです。

❶乾燥

私たちが目にする植物や動物は、水分が無け

●干物

れば数日のうちに枯れて死んでしまいます。人類は昔から食物を乾燥することによって長期保存しました。魚の干物、ビーフジャーキー、干し大根、干し芋などです。昔の武士の非常食であった干飯《ほしいい》、あるいは現代の非常食である乾パンもそのようなものです。しかし細菌は丈夫です。通常の乾燥状態ではなかなか死滅しません。細菌は、乾燥状態では繁殖しないだけで、死滅するわけではありません。水分が戻ったら、元の活動状態に戻ります。

❷ 紫外線の殺菌効果

日本で昔から利用されている食品保存技術は、太陽光に晒す「天日干し」です。

天日干しには二通りの意味があります。太陽光は紫外線であり、エネルギーを持っています。食品中の水分はこのエネルギーを受け取って分子運動を活発化し、やがて、食品から脱出します。つまり、食品は乾燥します。

天日干しのもう一つの効果、それは紫外線による効果です。紫外線は高エネルギーであり、細菌を直接殺してしまう、すなわち殺菌作用があります。

燻製

燻製の防腐効果は複雑です。主に3つに分けて考えることができます。1つは煙の効果、次に熱の効果、そして下ごしらえの効果です。

燻製では多くの場合、素材をあらかじめ塩水に漬けたり、素材の表面に塩を擦りつけたりします。これが塩蔵と同じ殺菌効果を生みます。また、燻製は多くの場合、素材に熱が掛かります。これは加熱殺菌に相当します。

そして、燻製の独自性である煙の効果です。木材を燻してできる煙の中には多くの種類の有機物が含まれます。この中

●燻製

にはカルボニル化合物、フェノール類、有機酸が含まれます。

カルボニル化合物は燻製に独特の香りや渋さを加えるといいます。フェノール類は酸の一種であり、殺菌作用があります。フェノール類の母体であるフェノールは日本名で石炭酸と言い、昔は消毒薬として多用されたものです。

SECTION 28

発酵

日本には多くの発酵魚介類がありますが、地方には独特の発酵魚介類があります。このような物の多くは塩蔵品ですが、いわゆる干物も発酵品の一種と考えられます。

干物

前項で干物を見ましたが、干物はまた発酵食品でもあります。乾燥の過程に発酵が進み、干物特有の味が出てくるのです。

❶干物と発酵

アジの干物、イワシの干物、アナゴの干物、イカの干物であるスルメ、あるいはナマコの内蔵の干物であるクチコなど、皆独特の旨みを持っており、それは生の新鮮な魚の味とは異なります。これは発酵過程に生じたアミノ酸によるものです。

中国料理では一旦日干しにした魚介類を水で戻して料理に使う物があります。旨味に用いる干し貝柱は日本料理でも使うところです。その他に干しアワビ、サメの鰭、ナマコを乾燥したキンコなどが有名です。なぜ、一度乾燥すると言う面倒な手間を踏むのかというと、それは発酵によってアミノ酸を増やすためです。日干しにした魚介類はアミノ酸が増えて、生の新鮮な魚より旨味が増えているのです。

❷特殊な干物

特殊な干物に「灰干し」と言うものがあります。これは主に火山灰を用いて魚を乾燥する手法です。下処理した魚を薄い塩水にくぐらせ、水を拭き取った後、ガーゼや和紙でくるみます。これを箱に詰めた火山灰の上に並べ、更に魚の上に火山灰を被せて適当な時間放置するのです。この操作によって水分が灰に吸収され、魚が結果的に乾燥状態になります。この時、魚から発生する匂い成分のアンモニア（アミン臭）も多孔性の火山灰によって吸収されると言います。また、低温で乾燥することができるので魚の傷みも少なくなります。

伊豆諸島で作られるクサヤの干物も特殊な干物と言うことができるでしょう。これはアジなどの魚を開いて内臓を除いた後、クサヤ汁と言う特殊な液体に漬けた後、乾燥するのです。慣れない人は口にできないほど特殊な匂いがしますが、独特の旨みがあり、好きな人には好まれます。この秘密はクサヤ汁にあります。江戸時代、この地方では年貢として塩を納めることが義務付けられており、塩は貴重品でした。そのため、干物にする魚を漬けた塩水を棄てることなく、繰り返し使用しました。その結果、塩水の中に乳酸菌などが繁殖し、独特の匂いと旨みを生じたのです。

塩蔵品

発酵魚介類と言えば塩辛でしょう。これは典型的な塩蔵品であり、各種の物がありま す。

❶ 塩辛

最も良く知られた物はイカの塩辛でしょうが、似たものにタコの塩辛もあります。

カツオの内蔵の塩辛である「酒盗」も有名ですし、サケの血合いから作った「メフン」も知る人ぞ知る味です。ナマコの内蔵の塩辛は「コノワタ」と呼ばれ高級珍味で知られています。アユの内蔵の塩辛は「ウルカ」と呼ばれます。

❷ 魚卵

魚卵の塩蔵物も良く知られ、タラコの塩蔵品、あるいは唐辛子を使った明太子は有名です。また、サケの卵の塩蔵品である「スジコ」もポピュラーです。ボラの卵を塩蔵したのち風乾したものは形が中国の墨に似ていることから「カラスミ」と呼ばれ、太閤秀吉が好んだ高級珍味として知られています。

これらは皆、塩蔵の過程に発酵を起こし、タンパク質がアミノ酸に分解して旨みを増したものです。

❸ 塩引き

新潟ではサケを1、2週間塩蔵した後、水に漬けて塩出しをし、その後冬の寒い時期に日の当たらない戸外に吊るして風干した「しおびき」と言う郷土料理があります。

サケの塩漬けである荒巻とは違った独特の風味があります。

❹馴れ鮨

魚とご飯を同時に発酵させた食品もあります。飯鮨あるいは馴れ鮨と言われるものです。これは樽等の容器にご飯と麹《こうじ》を混ぜたものを敷きつめ、その上に生の魚を並べ、その上にまたご飯と麹を置きと言うように何層にも並べた物を数週間から数カ月保存したものです。

ご飯が乳酸発酵してその酸味が肴に移り、同時に魚も乳酸発酵してアミノ酸が発生します。これは重層発酵食品であり、鮨の原型と言われています。現在私たち

●塩引きサケ

が食べる鮨は速鮨《はやずし》と言われるもので、乳酸発酵の代わりに酢を用いている物です。

特殊な発酵魚介類

複雑な工程を経て作られる発酵食品もあります。

❶ 鰹節

カツオブシは日本食に欠かせない調味料です。いくつかの種類がありますが、最も本格的な物は枯節《かれぶし》と言われるものです。これは鰹を極限まで乾燥した物ですが、同時に発酵食品でもあるという重層的な食品です。作り方を見てみましょう。

まず鰹を三枚に下ろし、身の部分を水で煮ます。その後皮をはぎ、形を整えて半乾燥します。これをナマリ節と言います。次にナマリ節に燻製して香り付けをして、これにカビを付けます。それには純粋培養したカツオブシカビを噴霧して繁殖します。その後、カビを削り落としてまた乾燥します。このような、「カビ付け」、「乾燥」を繰り返したものが枯節で、完成までに数カ月から2年ほど掛かります。重量は生身の20%

ほどになると言います。

この様にすることによってカビの菌糸を通じて内部の水分まで除かれて完全乾燥し、発酵と熟成が進行してタンパク質や核酸が分解してアミノ酸や核酸成分が発生して旨みの凝縮した保存食品ができるのです。

❷ トラフグ卵巣の糠漬け

フグはテトロドトキシンと言われる猛毒を持ちますが、毒のある部位はフグの種類によって異なります。食味で最高と言われるトラフグでは毒があるのは肝臓、血液、卵巣だけで、他の部位に毒はありません。

ところが、石川県の能登半島地方では、このトラフグの卵巣を食用にします。もちろん、特別なことを行ったうえでのことです。まず卵巣を塩漬けにして1年ほど置き、水に晒して塩抜きをしたうえで、糠づけにして1年ほど置きます。

このようにすると確実にテトロドトキシンは分解されて無毒になるそうです。どのような化学的メカニズムによって無毒化されるのかは不明です。とにかく無毒であるのは厚生労働省のお墨付きです。

SECTION 29

缶詰・瓶詰

食品の腐敗を防ぐためには、食品にバイキンを寄せ付けないことです。そのために考案された方法が缶詰や瓶詰です。

缶詰や瓶詰の食品は世界中にいろいろあります。しかしどれも保存期間が長く、ものによっては匂いが激しいということがあります。

東南アジアで食べられるシュリンプペーストは小エビを原材料がもつ酵素によって発酵させたものですし、韓国のホンオフェはエイを発酵させたものです。またヨーロッパで食べられるアンチョビはカタクチイワシを発酵させたものです。何れも固有の匂いの在る食品です。

なかでも世界一臭い食べ物と言われるスウェーデンのシュールストレミングはニシンを塩漬けした缶詰です。普通の缶詰を作るには密閉した缶詰を加熱して殺菌します。しかしシュールストレミングの場合には加熱しません。そのため缶詰の内部で発酵が進行し、その際生じる二酸化炭素の圧力によって缶は膨張します。

この缶詰を空けると中から発酵によって生じた臭い液体と、半ば液状化したニシンがガスとともに吹き出るという恐ろしい食べ物です。

馴れ鮨にしろ、シュールストレミングにしろ、これらを保存する環境は嫌気性であり、嫌気性細菌であるボツリヌス菌に最適の環境です。ボツリヌス菌の出す毒素は、全ての毒素の中でも最強クラスです。

この様な食品を食べる時には自家製ではなく、権威ある会社、機関で責任を持って作った物を選ぶのが無難でしょう。

●シュールストレミング

SECTION 30

カマボコ・ソーセージ

ハム・ソーセージと言ったら世界的には基本的に豚肉、少なくとも獣肉を用いた製品ですが、日本では魚肉を用いた製品が流通しています。それも価格が原因ではなく、消費者の嗜好の問題のようです。カマボコ、チクワ、ハンペン、魚肉ソーセージなど、馴染の製品がオンパレードです。

カマボコ

蒲鉾《かまぼこ》は、魚肉とデンプンを練って作ることから一般に「練り製品」と言われます。原料魚にはタラ類、サメ類、ベラ類などの白身魚が使用されます。

作るには、捌いた魚の身を水に晒し、身に着いた血液や脂肪を取り除いた後、すり潰し、砂糖、塩、みりん、卵白、デンプンなどを加えて練り合わせます。

一般的な板付きカマボコは、練り合わせた身をへら状の特殊な包丁を用い、「かまぼこ板」に半円状に盛りつけます。その他、用途に応じていろいろに成形します。富山県では結婚式の引き出物に鯛、鶴、亀、松竹梅など縁起物に形作ったカマボコを用意するのが伝統と言います。

成形後、加熱して完成です。加熱方法には、蒸し・焼きの他に、茹で・揚げなどがあります。茹でたものがハンペンやツミレに、揚げたものが揚げカマボコ（九州では、ツケアゲ、沖縄ではチキアギ、東日本ではサツマアゲ、チクワ、西日本ではテンプラとも呼ばれる）などとなります。

●鯛の形のカマボコ

魚肉ソーセージ

魚肉ソーセージは、魚肉練り製品の一種で、魚肉のすり身を細長い袋に入れて加熱したものです。一見したところ、ボロニアソーセージやフランクフルトソーセージに似ていることから魚肉ソーセージと名付けられたようです。

ＪＡＳの規格では、魚肉及び鯨肉の原材料に占める重量の割合が50％以上のものを「魚肉ソーセージ」としており、15％未満の「ソーセージ」や15％以上50％未満の「混合ソーセージ」とは区別されています。

魚肉ソーセージの類似品として魚肉ハムと呼ばれる物もあります。製法的に大きな違いはありませんが、魚肉ソーセージが主に魚肉のすり身を用いるのに対し、魚肉ハムは魚肉の肉片を塩漬けにしたものを用いる、魚肉以外にチーズや荒挽き肉等の「種もの」を混ぜ合わせるなどの特色があります。

Chapter. 7
品種改良

SECTION 31

品種改良

品種改良と言うのは自然界の生物の性質を人間にとって都合の良いものに変化させることを言います。スーパーに並ぶ野菜と公園に茂る草木を比べたら一目瞭然です。公園の草木の葉は細くて小さくてそのくせ固そうで食べようという気を起こさせるものではありません。

人類が誕生した頃の植物は公園の草木のようなものばかりだったことでしょう。人類はその様な草木を何万年も掛かって品種改良し、現在のように大きくて柔らかくて美味しくて、見た目にも美しい野菜に作り上げてきたのです。

品種改良の方法

品種改良のための方法として最も簡単なのは選択です。同じ種類の植物でも多少の個性の違いはあります。ある物は葉が大きい、ある物は実がたくさんなる、ある物は枯れにくい、ある物は乾燥に強いなどです。

このような違いがあったときに、より性質の優れた物だけを残して栽培します。すると、その中でまた性質の優れた物が現われます。そしたらまた優れた物だけを選択します。この様な選択と淘汰を繰り返すとやがて人間の望む性質を色濃く持った植物が出来上がります。

また、性質の優れた個体同士を交配することも有効です。つまり、実がたくさんなる個体と枯れにくい個体を交配すると、枯れにくくて実が沢山なる新個体が誕生する確率が高くなります。

植物の品種改良

植物の品種改良は多くの例がありますが、キャベツの例を見てみましょう。キャベツの祖先は、古代ヨーロッパの中西部に住んでいたケルト人によって栽培されていた野生のケールであると言われています。これはキャベツと違って結球しませんが、ヨーロッパ中に広まるうちに、現在のような結球した丸い形のものが生まれました。

　この結球型のキャベツは、12世紀には既に南ドイツに存在したことが知られています。その後、13世紀にイギリスに渡った後、世界各地に伝わりました。日本にも江戸時代には既に伝わっていたと言います。

　一方、長く直立した茎に、たくさんの脇芽をつけるメキャベツは16世紀にベルギーで改良され、広く広まりました。その後、18世紀ごろにイギリスで更に改良されて現在のブロッコリーになりました。その後、更に改良されてカリフラワーになったのです。

●メキャベツ

動物の品種改良

家畜の場合、肉質などの性質の向上、競走能力の向上などを目的として品種改良が行われます。このようにして優秀な肉牛、優秀な競走馬などが生まれるのです。

例えばサラブレッドの場合、原種の一つであるアラブ種と比較し、走力が大幅に強化されていることがわかります。アラブ種限定のレース（2000ｍ）の走破タイムは2分15秒ほどですが、同日同条件で行われるサラブレッド限定のレースでは走破タイムが2分前後と速くなっています。

さらに、ごく短い距離ならば時速80㎞を出すことも馬によっては可能だといいます。改良されたのはスピードだけでなく、体格も体高で約15㎝、体重で約25％増加しています。

これらの品種改良は初期にはイギリスで、後には世界各地で合計300年以上をかけて行われ、現在も競馬を通じて品種改良が続けられています。

昆虫の品種改良

昆虫の品種改良でよく知られているのは蚕《かいこ》です。蚕は古来より日本にも在来の蚕種であるクワコがあったと言われていますが、本格的に衣料として実用化されたのは500~600年の推古天皇の時代とされています。

当時、中国から韓国に移出された蚕種が、織機に伴われて入国したと言われています。その後は元禄時代貿易の交流につれ様々な蚕種が導入されました。

明治中頃から昭和初期には、蚕品種の改良及び交配試験用としてイタリアを始めフランスから多くの原種が輸入されました。在来日本種・中国種に欧州種が加わったことから急速に品種改良が進み、日本独自の優良蚕品種開発の道が拓かれました。

これらの品種改良の結果、蚕の性質は大きく向上しました。その一つの例として1個の繭《まゆ》から得られる糸の長さが挙げられます。野生のクワコでは糸長は約90mですが、明治時代になると400~500mになり、現代では1300~1500mになっています。

SECTION 32

選抜育種

前項で見たように、人類は多くの種類の野生生物を人類の好みに合うように改良してきました。その中にあって魚介類は野生種が大半を占める例外的な食材と言うことができます。その原因は、農耕や酪農のように野生種を飼育する産業に対して、漁業は野生種をそのまま捕獲することから成り立っている産業だと言うことがあげられるでしょう。

しかし近年、養殖漁業が盛んになって、漁業も飼育産業化の傾向が濃くなってきました。それに伴って、魚でも品種改良が本格化してきました。養殖の効率化を狙い、最新の遺伝学も取り込んだ開発は加速しています。

マダイ

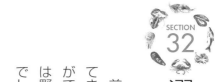

全国の養殖マダイの生産量は年に約5千万匹とされます。そしてこの養殖用マダイの稚魚は、おそらくすべて『近大マダイの血を引いている』と言われます。近大マダイとは近畿大学の実験場で生まれた品種のことを言います。

近大マダイの成長は天然の2倍近く早く、卵から約3年で2キロに育ちます。近大では1960年代に品種改良に着手しました。その方法は成長の早い稚魚を選んで育てて繁殖を繰り返す「選抜育種」で、8世代を経た90年代にほぼ現在の性質を確立しました。現在、近大は年間約1千万匹の稚魚を出荷するといいます。

●養殖のタイ

胸びれが天然より2割ほど短く、海鳥を警戒しないなど、形状や性格まで変化した近大マダイは現代の養殖の強い味方です。

ヒラメ

マダイのほか、ヒラメも本格的に改良品種が養殖されています。東京海洋大と神奈川県が2007年に開発した品種は、体にコブができるウイルス病に強いという特色を持ちます。この病気は感染すると生簀を全滅させると言います。生簀を全滅から救うこの品種は現在、養殖ヒラメの2割を占めるまでに広がっています。

この品種はマダイと違い、遺伝学を応用した「マーカー選抜育種」の手法で生まれました。マーカーとはDNAの特徴的な塩基配列のことです。病気に強いヒラメ特有のマーカーが分かれば、マーカーを持つ稚魚を選ぶだけで強い集団、つまり新品種ができます。

この方法は稚魚の成長を見極める従来手法より効率が良いです。マーカーの発見作業も含め、最短3回の世代交代で済むといいます。

水産総合研究センター増養殖研究所はマーカー選抜を柱にした育種戦略を設定し、国内で養殖が最も多いブリを筆頭に、10種前後の育種に取り組んでいます。

ウナギ

資源枯渇で人工繁殖の必要性が叫ばれるウナギもこの品種改良法の対象魚です。ウナギの幼生は、養殖に使える稚魚に育つまで平均250日かかり、餌も自発的に食べません。したがって特殊な餌やりも必要で、商業的にコストが合わない状況です。

そこで目指すのは、幼生の期間が短い品種です。現在はまだ、必要なマーカーが見つかる手応えはあると言う状況ですが、近い将来目的とするウナギが登場することでしょう。

サーモン

日本に大量のサーモン(大西洋サケ)を輸出するノルウェーでは、マーカー選抜の品種が養殖を支えています。代々選抜された、天然魚の倍速で育つ品種をベースに、各種の病気に強いマーカーや肉の赤さが違うマーカーを発見しました。

稚魚を供給する業者は発注先の要望に応じて親魚を交配し、希望の特徴を併せ持つ稚魚を出荷する態勢を作っています。また、ノルウェーの産官学が出資する研究所は、東南アジアなどでも現地魚種の育種に着手していると言います。

ブリ

近年では、南米や豪州でブリと近縁のヒラマサの育種計画が始まっています。養殖サーモンのように育てやすくなったヒラマサが大量輸入されれば「日本のブリ養殖が崩壊しかねない」と心配されます。

中国の研究所では万匹単位のコイを使った品種改良が行われているそうです。それに対して日本で育種研究に使うブリは千匹程度だそうです。現場では「日本はかなり出遅れている」と危機感を募らせているようです。

SECTION 33

突然変異

全ての生物はＤＮＡに基づく遺伝によって親の形質が次世代に受け継がれ、子は親に似た形質を持つことになります。

ところが、事故や放射線の影響などによって、ＤＮＡに大きな変形が起こると、親に似ない子供が突然現れることになります。これを突然変異と言います。当然ですが突然変異も品種改良に利用されることになります。

金魚

突然変異を利用したものとして良く知られたものが金魚です。金魚は日本原産ではなく、中国で誕生しました。3～5世紀頃、中国南部の揚子江流域に生息していたフナの仲間が突然変異して、ウロコが赤い「緋ブナ」が生まれました。そこから金魚の原種であるフナ尾の金魚ができたといわれています。これが後に日本に渡って「和金」という名称で呼ばれるようになります。

日本に初めて金魚がやってきたのは、室町時代のことです。1502年に中国（明）から現在の大阪・堺市に、和金（尾びれ1つのフナ尾の金魚）が伝えられたのが、最初といわれています。

それから品種改良が続けられ、現在日本で公認されている金魚の品種は31種類です。中国や東南アジアで作られている品種を含めると、100～200種類に達すると推測されています。

日本では、突然変異でできた金魚でも、人工的に交配させてできた金魚でも、一代限りのものは品種として認められません。何代にもわたってかけあわせて、その種同士の金魚をかけあわせると、同じ色や形の金魚が生まれるというように形質が固定されたところで初めて新しい品種として認可されるのです。

金魚の多くは、固定されてから時間が経過していないため、人が手をかけずに自由に繁殖させると、あっという間に祖先返りして、フナに近い形に戻ってしまいます。なぜなら、金魚の特徴である多彩な色模様や体形は、劣勢遺伝子が作り出した突然変異という名の奇形にほかならないからです。

TILLING法

突然変異を選抜育成する品種改良法は有効な方法ですが、問題があります。それは、突然変異は滅多に起きないと言うことです。そこで、薬剤などを用いて人為的に突然変異を起こそうと言う試みが行われることになります。これをTILLING法と言います。

TILLING法の大きな特徴として、生物のゲノムに存在しない外来遺伝子を取り込む遺伝子組換えとは異なり、その生物に存在する遺伝子だけを使用するということです。その意味で、安全で自然に近い品種改良技術とされています。

TILLING法は植物・動物のみならず、細菌などの微生物にまで有効で、ランダムに変異が導入されます。数千から数万単位で次世代を作製し、そのなかから目的の遺伝子に変異が確認された個体を選抜するのです。

トラフグの例を見てみましょう。哺乳類で化学誘発剤として使用される化学物質ENU(N-ethyl-N-nitrosourea)をオスの腹腔内に投与します。このオスの精子と野生型のメスとを人工授精し、第一世代（F1）を作製しました。

その結果、50974尾のトラフグについて3尾の筋肉増強（ダブルマッスル、DM）トラフグ親魚の獲得に成功したといいます。これを元に形質の固定を行えば、肉量倍増のマッチョトラフグが誕生するというわけです。

日本で開発された水産技術を使用した優良品種「DMトラフグ」の作出は、TILLING法を用いた養殖魚における品種改良の成功事例となり、ほかの養殖魚（マダイ、クロマグロ、ブリなど）への本法の普及と新たな魚類育種産業の創出につながるものと期待されます。

SECTION 34

人工交配

植物や動物の世界では交配は品種改良の有効な手段として利用されています。先に見たノルウェーにおける養殖稚魚の作製は交配を魚類に応用した例と見ることが出来るでしょう。

イシダイ × イシガキダイ ＝ キンダイ

魚類の交配は自然界でも見ることができます。磯釣りの王者と言えばイシダイ、イシガキダイですが、釣り仲間の間ではこの中間の魚がいることが知られています。正式の名前はありませんが、愛称としてキンダイと呼ばれています。

このキンダイ君、イシダイとイシガキダイのアイノコでないかと言うことは以前から言われていましたが、それを証明したのが近畿大学でした。イシダイのメスとイシガキダイのオスを交配したところ、キンダイ君誕生となったのだそうです。と言うことで近大の名前をとってキンダイとなったと言うわけです。ただし、このキンダイ君、生殖能力は無いということです。

トラウト × サーモン

サケとマスの間の異種間交配による品種改良も盛んに行われています。

❶人工交配の例

ブルックトラウトは多くの種との交雑が可能で、移入された河川では、在来のイワナ類との交雑種が世界各地で報告されています。日本でも、日光の湯川水系、上高地の梓川上流域、北海道の空知川水系などで確認されています。

自然界では交配は属内近縁種に限られ、また、産卵期が異なる種間の交雑はおこりません。しかし、人工交配では、いくつもの品種が作られています。食用として、また釣りの対象として、様々な種のかけ合わせが試され生産されてきました。

❷ 交配の問題点

そのなかで、母体としての中心は養殖が容易なニジマスです。しかし、すべての異種交配が有効であるとは限りません。かけ合わせによっては致死性の雑種を生じ、受精卵が孵化しなかったり、幼魚期に突然死することもあります。

例えば、ニジマス(雌)×イワナ(雄)は生存性を示すのに対し、その反対であるイワナ(雌)×ニジマス(雄)は致死性となります。このように、同じかけ合わせであっても、雌雄が変わると致死性の雑種となることが多くあります。

最近では、冷凍技術の発達により精子が長期保存できるようになったことで、産卵期の異なる種間の人工交配も可能となりました。そのため、春先に産卵期を迎えるイトウも人工交雑の母体として研究が行われており、秋に産卵期を迎えるカラフトマスやシロザケとの人工交配も行われています。

●ニジマス

❸人工交配による品種

人工交配によってできたメジャーな品種を見てみましょう。

・**ロックトラウト**

ニジマス（雌）×アメマス（雄）の交配。食用に改良されましたが、引きが強く、今では管理釣り場のメインキャストとなっています。

・**信州サーモン**

ニジマス×ブラウントラウトの交配。ニジマスの体色にブラウントラウトの模様をもった魚体です。病気に強く成長の早い品種で、海のない長野県における養殖事業の目玉となっています。

・**富士の介**

養殖の簡単なニジマスと脂が多く美味とされるキングサーモンをかけ合わせた品種で、2022年の出荷を目指して生産が開始されたばかりです。

SECTION 35

ゲノム編集

ゲノムとはＤＮＡのことと考えて良いでしょう。したがって、ゲノム編集とは、ＤＮＡを編集するということです。ゲノム編集は遺伝子組み換えと混同されることがありますが、両者は違う技術です。

遺伝子組み換えと言うのはＡという生物のＤＮＡにＢと言う生物のＤＮＡの一部を継ぎ足すことを言います。したがって遺伝子組み換えの結果発生した生物は極端な場合、ＡともＢとも異なった、新しい生物Ｃとなります。つまり、北欧神話で言うキメラのような生物なのです。

これではＣの安全性が問題になるのは当然でしょう。このため、日本では遺伝子組み換えは禁止されていますし、輸入する場合にも品種は厳しく限定されています。

しかし、ゲノム編集の場合には、他の生物のＤＮＡを用いることはありません。生物Ａをゲノム編集する場合にはＡのＤＮＡしかいじることはありません。ゲノム編集では、元々のＤＮＡに他のＤＮＡを付け足すことは一切ありません。

行うのは遺伝子の順序を変えたり、不必要な遺伝子を除いたりするだけです。つまりゲノム編集がやることは、具体的には元々のＤＮＡから不要の部分、あるいはあっては困る部分を削除することです。

例えば、マダイのＤＮＡには、「筋肉がある程度以上になるとそれ以上作らないようにする」遺伝子が組み込まれています。そこでゲノム編集をしてこの遺伝子を削除します。するとタイ君は盛んに筋肉を作ってマッチョタイになり、筋肉量は20％増しになるといいます。

このようなマッチョタイが市場に現われるのも近いようです。

Chapter.8
資源管理

SECTION 36

漁獲制限

漁業は直截にいえば、海の中、あるいは河川、湖沼などの自然の環境の中を自由に動き回っている魚介類を捕まえて人間の食料に供給する産業です。考えてみれば、原始的な産業と言うことが出来るのではないでしょうか？　農業も、酪農も、とうの昔にその様な原始的な産業形態を脱却しています。

農業は幾世代も掛けて改良した作物を自力で育て、酪農も交配を続けて改良した牛や豚を、手間を掛けて世話しています。漁業だけが、いつまでも自然任せでいられるとは思えません。

水産資源の管理

魚介類は、海の中を泳いでいる間は誰の所有にも属しておらず、漁獲されることによって初めて人の所有下におかれると考えられています。したがって、自分が漁獲を控えれば他者がそれを漁獲することになり、いわゆる「先取り競争」を生じやすくなります。

先取り競争によって、乱獲が行われた場合、水産資源の再生産力が阻害され、資源の大幅な低下を招くことになります。水産資源を適切に管理し、持続的に利用するためには、資源の保全・回復を図る「資源管理」の取組が必要となります。

水産資源管理の手法

資源管理の手法は大きく3つに分けられます。

❶ 投入量規制

漁船の隻数や馬力数の制限等によって漁獲力を入口で制限します。

❷ 技術的規制

産卵期を禁漁にしたり、網目の大きさを規制することで、漁獲の効率性を制限し、産卵親魚や小型魚を保護します。

❸ 産出量規制

漁獲可能量（ＴＡＣ）の設定などにより漁獲量を制限します。

この３つの管理法のうち、どれに重点をおくかは、漁業の形態や漁業従事者の数、水産資源の状況などによって異なります。

漁獲制限

この様な手法のうち、❸の産出量規制にしたがって漁獲に対して課される種々の制限が漁獲制限です。漁獲技術の発達にまかせて無制限に乱獲を続けていけばやがて資源量が減退し、漁業そのものの存続を危うくすることは目に見えています。

資源保存を目的とする漁獲規制として次のようなことが行われています。

❶ 漁具、漁法の制限、禁止
❷ 漁期の制限
❸ 漁場の制限、禁止
❹ 漁獲量の制限、魚の体長制限

日本国内では法令によって違反取締りが行われていますが、国際的には漁業条約がその役割を果しています。

日本の水産業

かつて、日本は世界で最も競争力のある漁業国でした。１９７２年から91年までの20年間、日本の漁獲量は世界第１位でした。それが90年代に入って、日本の

●日本と世界の漁獲量の推移（図１）

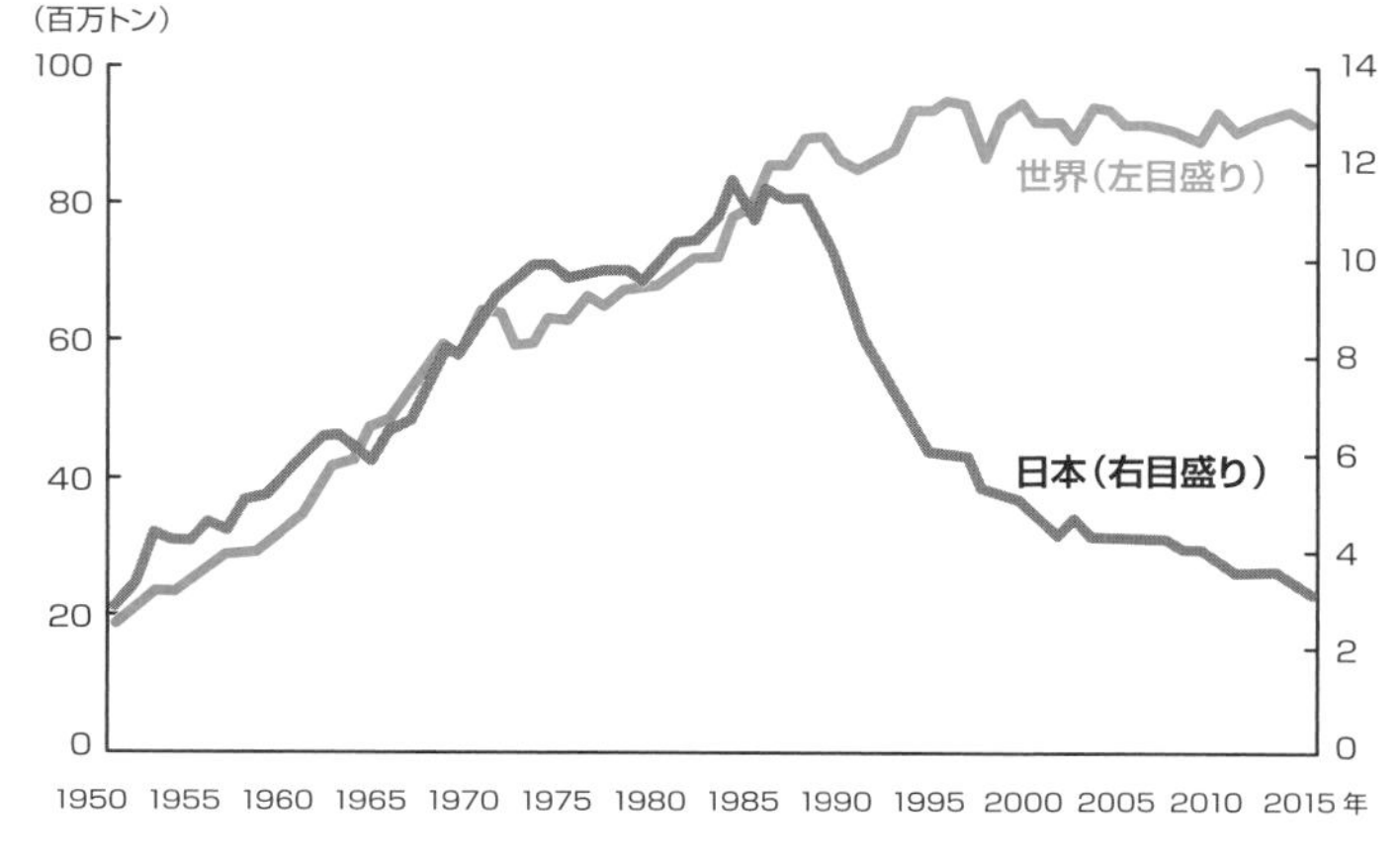

漁獲量が激減していくのですが、その要因の一つはマイワシの激減と言われています。

図1は、日本と世界の漁獲量（天然）の推移です。日本および世界の生産量は1970年代までは、同じようなペースで増加していましたが、90年以降は日本のみが減少に転じています。

図2は主要漁業国の漁業生産の将来予測をしたものです。先進国途上国を問わず、ほとんどの国が生産を伸ばす中で、日本のみが大幅に減少しています。なぜでしょうか？

日本は戦後の食糧難の解消を目的として、国策として漁業を拡大しました。当

●主要漁業国の漁業生産の将来予測（図2）

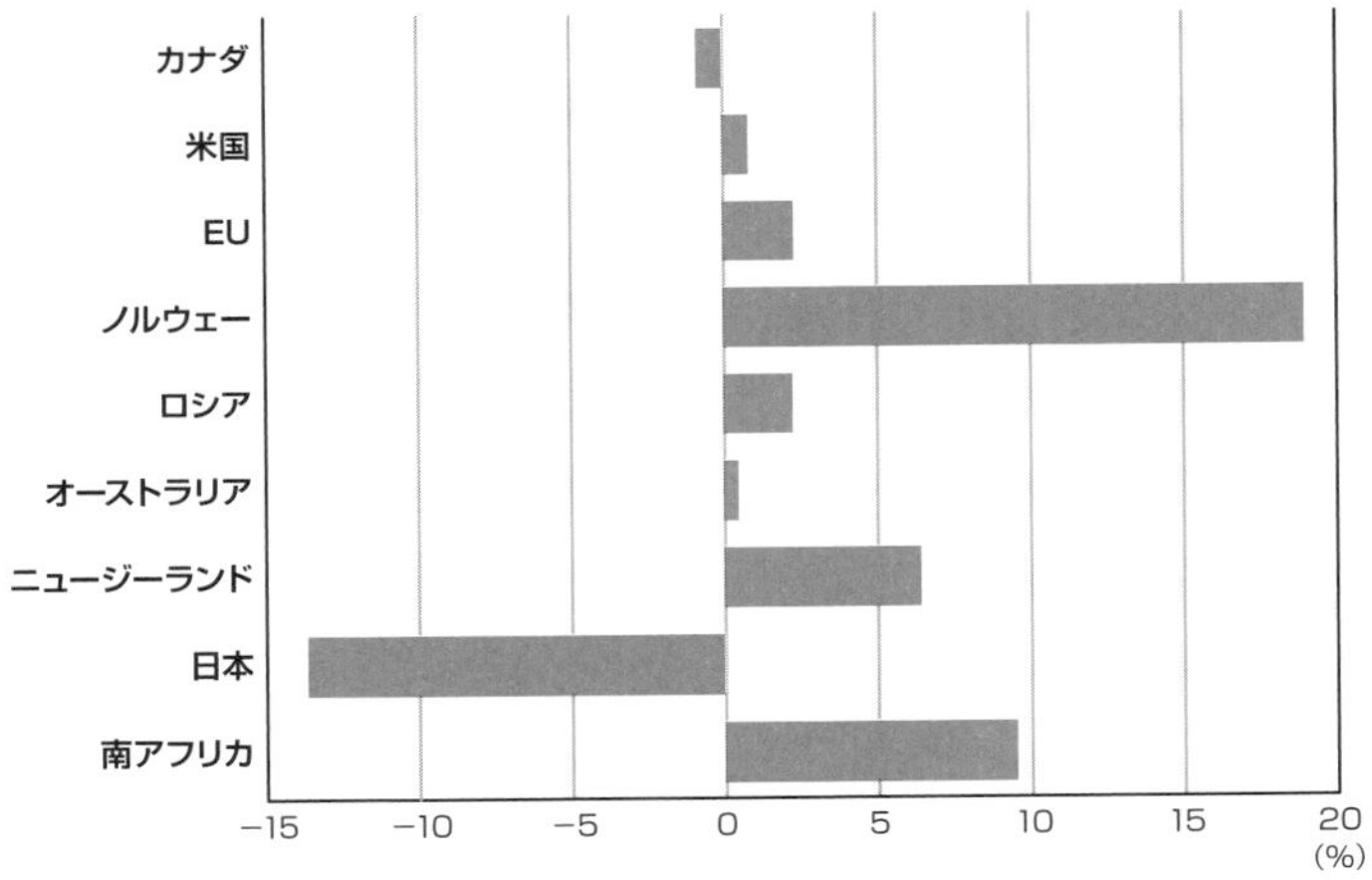

時は経済水域EEZの考えが存在せず、他国の沿岸3〜5マイル（約5〜8キロメートル）まで入り込んで、好きなだけ魚を獲ることができました。

それが1970年代後半から、沿岸諸国が200海里（約370キロメートル）のEEZを設定したことで他国の漁場を積極的に開発する日本のやり方は成立しなくなったのです。その後も日本は場当たり的に魚を獲るスタイルで、自国のEEZの資源を減少させて、漁業を衰退させていきました。持続性を無視して魚を獲れば、魚が減って、漁業が成り立たなくなるのは時間の問題です。

漁獲量制限の方法

漁獲量を制限するのは一見したところ合理的なようですが、問題もあります。漁獲量を制限するにはいくつかの方法があります。

❶ 非個別割当方式（TAC、Total allowable catch）

漁獲可能量を漁業者に割り当てず、漁獲量の合計が上限に達した時点で操業を停止させる方式で、オリンピック方式またはダービー方式とも言います。早獲り競争となり、小形魚まで取りつくしてしまう欠点があり、先進国では日本のみ採用しています。

❷個別割当方式（IQ、individual quota）

漁業者や漁船ごとに漁獲量を割り当てる方式で、イギリス、スペインなどが採用しています。

❸譲渡性個別割当方式（ITQ、individual transferable quota）

IQ方式のうち、漁獲量の過剰分または不足分を他の漁業者へ譲渡できる方式で、特定の漁業者に割当量が集中する恐れがあります。アメリカ、ノルウェー、アイスランドなどが採用しています。

日本では漁獲可能量（TAC）を定めて漁獲量がその数量を上回らないように管理しています。対象魚種はマアジ、マサバ及びゴマサバ、マイワシ、サンマ、スケトウダラ、ズワイガニ、スルメイカの7種です。

今後の方向

ではどうすればよいのでしょうか。有効なのはＩＱ方式の採用ではないでしょうか？　漁獲枠を個別の漁業者にあらかじめ配分しておくことで、早獲り競争を抑制し、魚の価値が一番高くなる時期に操業することができ、価値が低い稚魚の漁獲は避けるようになります。

２０１８年に70年ぶりに漁業法が改正されました。それによればＩＱ方式を国主導で全面的に導入することになり、現在は8魚種にしか設定されていない漁獲枠を拡大しました。

日本は世界第6位の面積の広大なＥＥＺを持っています。その中に世界屈指の好漁場があります。資源の持続的な有効利用を行えば、世界有数の漁業国に返り咲くことも可能なことでしょう。

SECTION 37

放流

天然資源は、石炭、石油、天然ガスなどの化石燃料に見るように、使えばいつかは無くなります。魚介類は生物ですから、常に再生産は行われています、しかしそれにしても限度があります。再生産能力を凌駕して消費すればいつか資源が枯渇するのは目に見えています。

そのような事態を避けるにはどうすれば良いのか？　答えは2つです。

❶消費量を減らす

❷供給量を増やす

❷の供給量を増やす方策として現在行われているのが養殖と放流です。養殖については先に見ましたので、ここでは放流について見ることにしましょう。

サケの放流

サケは日本人にとって最もポピュラーな魚ですが、放流が最も盛んに行われている魚でもあります。サケの放流を採卵から放流まで見てみましょう。

❶ 親魚捕獲

9月から12月にかけて産卵のために母川へ戻ってきた親魚を捕獲します。捕獲の方法は魚道式、ウライ式(河川を格子等で遮断しその一部に捕獲槽を設ける)が一般的ですが、補助的に曳網を用いることもあります

❷ 採卵・受精

成熟した雌から切開法により採卵します。これに雄の精子をかけて受精させます。受精卵はふ化場へ運搬し、ふ化器に収容します。卵は水温8℃(北海道の湧水の場合)前後の湧水の中で管理します。

❸発眼とふ化

受精卵は水温8℃の場合約30日で発眼し、60日でふ化します。ふ化した仔魚は屋内の養魚池でさらに約60日近く、安静な状態で管理します。

❹浮上と飼育

仔魚は養魚池で卵の養分を吸収すると浮上遊泳し始めます。この時点から飼育池において乾燥配合飼料を与え、体長4～5㎝を目標に飼育します。

❺放流

沿岸水温が5℃以上13℃以下の時期(北海道では3月から5月)に、河川へ放流します。放流された稚魚は数日から1カ月程度で海へ下ります。陸上に飼育池が整備されていない場合には、更に海中飼育を実施する場合もあります。

●サケの仔魚

❻ 回帰

海洋での生活を終えたサケはやがて元の川に戻ってきます。元の川、故郷をどのようにして覚え、どのようにして戻ってくるのかはまだ不明です。しかしサケは律儀に戻ってきます。それは成人式に若者が故郷に戻ってくるのと似たような物かもしれません。

義務放流

川へ釣りに行くと、見回りの人に「鑑札を持っていない人はここで釣ってはいけません。」と言われることがあります。それはこの川に漁業権を持っている漁業協同組合があるからです。その人たちはその川を管理し、魚を増やし、その魚を漁獲して市場に出して利益を得ているのです。

ですから、他の人がそこで釣りや投網で魚を捕る場合には、その協同組合やあるいはその代理をしている釣り具屋さんで一日単位あるいは一漁期単位などの鑑札を買わなければならない事になります。

その代わり、協同組合は漁業権を設定した魚を放流してその魚の量を維持する義務があります。この様な放流を義務放流と言います。鑑札を買うことで私たちが払ったお金は、この義務放流などに使われます。

魚を獲るだけでなく、獲った分は放流で補うと言うこの考えは優れた考えと思いますが、そうとも言い切れない問題があるようです。

例えばウナギの放流を考えてみましょう。放流するウナギは養殖ウナギです。ウナギは大変に高価です。ということで、放流されるウナギは育ちの悪いウナギになりがちと言います。また、日本ウナギで無く、ヨーロッパ産のウナギも混じると言います。すると外国の病気が広がる可能性があります。また、促成成長させられた養殖ウナギは大部分がオスだと言います。

ということで、ウナギの放流はウナギの増殖には役立たず、素質の悪いウナギと外来種を増やすだけだというのです。また、アユの放流はカワウの大群を呼び、近辺の水辺環境を悪化させるとの声もあると言います。

SECTION 38

貝毒監視

貝は美味しい食物で、日本人は大昔から大切な食品として来ました。貝を食べた後に残る貝殻を放棄した都が貝塚として現在も貴重な歴史資産として残っているのはご存知の通りです。

ところが、この美味しい貝が時に怖い毒物に変化することがあります。それが「貝毒」と言われる現象です。これは昨日まで美味しいと思っていた貝を食べたところ、突如「お腹が痛い、頭が痛い」という中毒症状を表すのです。

貝毒の種類

貝毒はホタテやカキなどの二枚貝が餌として有毒プランクトンを食べることで毒素を一時的に蓄積し、これを食べた人が中毒症状を起こす現象を呼びます。食用となる二枚貝自身には毒素を作り出す能力はありません。

貝類の食中毒件数としては、生食等によるビブリオ腸炎やノロウイルス（ＳＲＳＶ）による中毒事例が圧倒的に多く、貝毒による中毒は全体の10％以下に過ぎません。しかし、貝毒は加熱によって毒性がほとんど失われず、汚染された二枚貝は流通管理を徹底しても毒性は低下しません。

さらに麻痺性貝毒のように、食後30分程度で発症し、治療薬もないことから、致死量以上の摂取で死亡してしまう例もあります。従って発生件数が少ないからといって軽んじることはできません。

日本で問題となる貝毒には有毒プランクトンの種類によって下痢性貝毒と麻痺性貝毒の2種類があります。

❶下痢性貝毒

下痢性貝毒は、強烈な下痢を起こします。通常食後4時間以内で発症し、下痢、吐気、腹痛などの消化器系の症状が現われます。しかし、ほぼ3日間で回復し、予後は良好で死亡例はありません。

ホタテガイ、アサリなどの日本人にとって馴染の深い貝に現われることが問題です。

❷ 麻痺性貝毒

この症状を表す毒素の毒性は強く、猛毒のサリンと同程度であると言われます。毒性の機構はフグ毒のテトロドトキシン同様とされています。

この毒を持つ貝としてはホタテガイ、カキ、アサリ、アカガイ、ムール貝など種々の二枚貝があります。さらに、毒化した二枚貝を捕食した肉食性の巻貝、あるいはカニの毒化例も知られています。

この毒を持っている貝を食べた場合には、通常食後10〜30分で唇、舌、顔面などがしびれ、手足の発熱感がはじまり、重傷の場合は、運動失調や呼吸困難を起こします。毒素は食後数時間以上経過すると体外に排泄されますが、過去に多数の死亡例があることから厳重な経過観察が必要です。

貝毒の発生発見

貝毒の原因となる有毒プランクトンは一年のうちでごく限られた時期にのみ出現します。したがって、その様なプランクトンの発生を未然に予測することが重要となります。

❶原因プランクトン調査および貝毒検査

貝毒の監視は二重三重の監視機構で行われており、毒化した貝類が市場に出回ることは基本的にはありません。貝毒の監視は、次の3本柱で行われています。

・生産現場でのプランクトン出現および出荷前の貝類の毒量監視
・市場へ入荷された後の流通段階での毒量監視
・輸入水産物中の毒量監視

❷生産及び出荷の自主規制

異常が発見された場合にはただちに、生産及び出荷の自主規制を指導します。そして、必要日数を経過した後、麻痺性貝毒および下痢性貝毒のいずれも毒性が不検出になった場合には自主規制を解除します。

このような厳重な監視体制があるから、私たちはカキ、ホタテ、アサリ、ハマグリ等の美味しい貝を毎日安心して食べることが出来るのです。

英数字・記号

あ行

か行

さ行

は行

ま行

や行

ら行

わ行

た行

な行

■著者紹介

齋藤《さいとう》　勝裕《かつひろ》

名古屋工業大学名誉教授、愛知学院大学客員教授。大学に入学以来50年、化学一筋できた超まじめ人間。専門は有機化学から物理化学にわたり、研究テーマは「有機不安定中間体」、「環状付加反応」、「有機光化学」、「有機金属化合物」、「有機電気化学」、「超分子化学」、「有機超伝導体」、「有機半導体」、「有機EL」、「有機色素増感太陽電池」と、気は多い。執筆暦はここ十数年と日は浅いが、出版点数は150冊以上と月刊誌状態である。量子化学から生命化学まで、化学の全領域にわたる。更には金属や毒物の解説、呆れることには化学物質のプロレス中継?まで行っている。あまつさえ化学推理小説にまで広がるなど、犯罪的?と言って良いほど気が多い。その上、電波メディアで化学物質の解説を行うなど頼まれると断れない性格である。著書に、「SUPERサイエンス 人類を脅かす新型コロナウイルス」「SUPERサイエンス 身近に潜む食卓の危険物」「SUPERサイエンス 人類を救う農業の科学」「SUPERサイエンス 貴金属の知られざる科学」「SUPERサイエンス 知られざる金属の不思議」「SUPERサイエンス レアメタル・レアアースの驚くべき能力」「SUPERサイエンス 世界を変える電池の科学」「SUPERサイエンス 意外と知らないお酒の科学」「SUPERサイエンス プラスチック知られざる世界」「SUPERサイエンス 人類が手に入れた地球のエネルギー」「SUPERサイエンス 分子集合体の科学」「SUPERサイエンス 分子マシン驚異の世界」「SUPERサイエンス 火災と消防の科学」「SUPERサイエンス 戦争と平和のテクノロジー」「SUPERサイエンス 「毒」と「薬」の不思議な関係」「SUPERサイエンス 身近に潜む危ない化学反応」「SUPERサイエンス 爆発の仕組みを化学する」「SUPERサイエンス 脳を惑わす薬物とくすり」「サイエンスミステリー 亜澄錬太郎の事件簿1　創られたデータ」「サイエンスミステリー 亜澄錬太郎の事件簿2　殺意の卒業旅行」「サイエンスミステリー 亜澄錬太郎の事件簿3　忘れ得ぬ想い」「サイエンスミステリー 亜澄錬太郎の事件簿4　美貌の行方」「サイエンスミステリー 亜澄錬太郎の事件簿5［新潟編］　撤退の代償」「サイエンスミステリー 亜澄錬太郎の事件簿6［東海編］　捏造の連鎖」（C&R研究所）がある。

編集担当：西方洋一 ／ カバーデザイン：秋田勘助（オフィス・エドモント）
写真：©foodandmore - stock.foto

SUPERサイエンス
鮮度を保つ漁業の科学

2020年11月2日　　初版発行

著　者　　齋藤勝裕
発行者　　池田武人
発行所　　株式会社　シーアンドアール研究所
新潟県新潟市北区西名目所4083-6（〒950-3122）
電話　025-259-4293　　FAX　025-258-2801
印刷所　　株式会社　ルナテック

ISBN978-4-86354-328-7 C0043